"十三五"高等职业教育规划教材

传感器技术及应用项目化教程

盛奋华　主　编

王建珍　陈新娟　副主编

聂开俊　主　审

CHUANGANQI JISHU JI YINGYONG XIANGMUHUA JIAOCHENG

ELECTRO
MECHANICAL

中国铁道出版社
CHINA RAILWAY PUBLISHING HOUSE

内 容 简 介

本书从实用角度出发,主要介绍了常用传感器的工作原理、特性及其应用。侧重各类传感器的应用模块的制作与调试,依据"做中学,学中做"教学理念组织教学内容,着重培养学生的实践能力和创新精神。

本书由具体实例引入,深入浅出,将传感器技术及其应用的相关知识、技能融入相应的工作任务中,主要包括6个项目(13个任务),具体内容包括:传感器的认识、光学量传感器的应用、力学量传感器的应用、环境量传感器的应用、几何量传感器的应用以及磁学量传感器的应用。

本书适合作为高职高专院校通信技术、应用电子技术、机电一体化技术、电气自动化等专业相关课程的教材,也可作为应用型本科院校、技能竞赛培训以及社会相关专业从业人员的参考书。

图书在版编目(CIP)数据

传感器技术及应用项目化教程/盛奋华主编 . —北京:
中国铁道出版社,2017. 12
"十三五"高等职业教育规划教材
ISBN 978-7-113-23809-4

Ⅰ. ①传… Ⅱ. 盛… Ⅲ. ①传感器-高等职业教育-
教材 Ⅳ. ①TP212

中国版本图书馆 CIP 数据核字(2017)第 285587 号

书 名:传感器技术及应用项目化教程
作 者:盛奋华 主编

策 划:汪 敏 读者热线:(010)63550836
责任编辑:秦绪好 李学敏
封面设计:刘 颖
责任校对:张玉华
责任印制:郭向伟

出版发行:中国铁道出版社(100054,北京市西城区右安门西街8号)
网 址:http://www.tdpress.com/51eds/
印 刷:三河市兴达印务有限公司
版 次:2017 年 12 月第 1 版 2017 年 12 月第 1 次印刷
开 本:787 mm×1 092 mm 1/16 印张:9 字数:209 千
书 号:ISBN 978-7-113-23809-4
定 价:33.00 元

本书是根据高职电子类专业教学改革的要求编写的，体现了"淡化理论，够用为度，培养技能，重在运用"的指导思想，培养具有"创造性、实用性"的技能型人才。本书压缩了大量的理论推导，重点放在传感器的运用上，结合传感器的应用实例，以任务驱动的方法引导读者学习传感器的应用技术。

全书共6个项目，分为13个任务，主要内容包括：传感器的认识、光学量传感器的应用、力学量传感器的应用、环境量传感器的应用、几何量传感器的应用以及磁学量传感器的应用。除了第一个项目介绍传感器的基础知识外，其他的项目都具有相对的独立性。每个任务包括任务要求、知识储备、任务实施、任务评价4个环节。内容从典型的检测对象入手，选择对应的传感器，认识该传感器的外形、结构和特点，熟悉其测量原理，突出其应用。完成其应用系统的安装、调试和故障排除。各个任务选用各类电子竞赛或实训项目中真实的产品，包括：光控开关、红外倒车雷达、电子秤、振动式防盗报警器、数显温度计、结露报警器、酒精测试仪、霍尔测速仪、计数器、电容式液位检测仪、超声波测距仪等小型电子产品。此外，每个项目后面提供一定数量的习题，供读者复习、巩固。

为适应高职教学改革需要，本书进行了较多的改革尝试。主要特点有：

(1) 以项目为主线，以具体任务为载体，将知识点、技能点贯穿于具体的任务中；

(2) 结合高职学生特点，淡化理论，避免过多的公式推导；

(3) 为了方便读者学习，部分理论知识做成形象的动画或视频，以二维码的形式呈现，方便读者随时随地学习。

(4) 在每一个具体任务中，均结合一种传感器的应用电路介绍传感器的原理、技术参数及选用原则。

(5) 每个任务中，传感器或用到的其他模块的具体资料，通过二维码的形式呈现，方便读者查询。

另外，编者为本书设计的配套的传感器应用模块都是经过调试和验证的、成熟的应用电路。项目中用到的应用模块都有具体的电路原理图以及焊接的模板，配套的元器件可供学生人手一套，具有很强的操作性和实用性。

本书适用学时为48~72学时，其参考学时分配为：传感器的认识（4~6学时）、光学量传感器的应用（6~10学时）、力学量传感器的应用（8~12学时）、环境量传感器的应用（12~16学时）、几何量传感器的应用（10~16学时）和磁学量传感器的应用（8~12）。

本书适合作为高职院校通信技术、应用电子技术、机电一体化技术、电气自动化等专业相关课程的教材，也可作为应用型本科院校、技能竞赛培训以及社会相关专业从业人员的参考书。

本书由苏州信息职业技术学院盛奋华任主编，陈新娟任副主编。本书具体编写分工如下：盛奋华负责项目一、项目二和项目四的编写及全书统稿工作，项目三和项目六由王建珍编写，项目五由陈新娟编写，聂开俊主审。在本书的编写过程中，苏州信息职业技术学院鲁帅给予了很大的帮助，鲁帅对书中的传感器应用电路进行了组装和调试。在本书的编写过程中，参考了大量的教材、文献和网络资料，在此也向其作者深表感谢。本书部分电路图（任务实施中）为软件仿真图，其图形符号与国家标准不符，二者对照关系见附录 B。

由于编者水平有限，加之时间仓促，书中难免存在不足之处，恳请广大读者批评指正。

编　者
2017 年 9 月

目 录

项目一

传感器的认识

项目描述

传感器是一种检测装置，能感受到被测量的信息，并能将感受到的信息，按一定规律转换为电信号或其他所需形式的信息输出，以满足信息的传输、处理、存储、显示、记录和控制等要求。传感器集微型化、数字化、智能化、多功能化、系统化、网络化等特点于一身，是实现自动检测和自动控制的首要环节。传感器的存在和发展，让物体有了触觉、味觉和嗅觉等感官，让物体慢慢变得活了起来。传感器现在已经普遍使用在工业生产、农业生产、国防、航空、航天等领域当中。居民家中的家电、小区供水、安保系统等无一不涉及传感器。认识和了解传感器，知道传感器的选择原则和使用方法是非常必要的。

知识目标

1. 了解传感器的分类及基本特性。
2. 熟悉传感器的选择原则和使用方法。
3. 熟悉传感器的命名、代号和图形符号。
4. 能够根据传感器的测量数据计算非线性误差。

技能目标

1. 能够根据现场条件确定传感器的测量方法。
2. 能够根据具体性能指标选用合适的传感器。

任务一 初识传感器

任务要求

在形形色色的传感器中，能够正确地认识并根据需要来选择合适的传感器进行应用是我们必备的能力。本任务要求收集几种类型的传感器并写出其工作原理、优缺点及其应用；能够根据传感器的代号知道传感器的名称。

一、传感器简介

新技术革命的到来,世界开始进入信息时代。在利用信息的过程中,首先要解决的就是要获取准确可靠的信息,而传感器是获取自然和生产领域中信息的主要途径与手段。传感器早已渗透到诸如工业生产、宇宙开发、海洋探测、环境保护、资源调查、医学诊断、生物工程,甚至文物保护等极其广泛的领域。

在工业生产和自动化控制中,为了保证生产过程安全高效,必须对生产过程中的重要工艺参数进行实时检测和优化控制。比如轨道、桥梁建筑等的无损探测,容器的液位检测等。图 1-1 为桥梁建筑的无损探伤,图 1-2 为自动生产线容器液位的检测。

图 1-1　桥梁建筑的无损探伤

图 1-2　自动生产线容器液位的检测

在交通方面,我们需要知道汽车的行驶速度、距离、发动机旋转速度、燃料剩余量等,图 1-3 为汽车上的各类传感器。

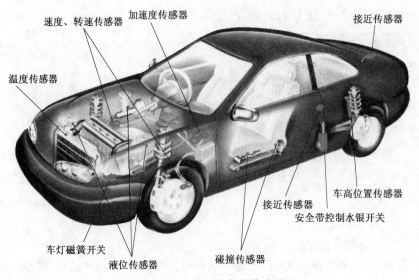

图 1-3　汽车上的各类传感器

在日常生活中,我们也在大量使用传感器,如全自动洗衣机、遥控电视、扫地机器人等,可以说传感器已经深入到了我们生活的方方面面。随着人们对生活品质的要求越来越高,楼宇自动控制系统在小区管理中发挥着越来越重要的作用,其在安保、环境控制、能量计费等各方面都用到了传感器,图1-4所示为楼宇自动控制系统。

图1-4 楼宇自动控制系统

各行各业用到的传感器可谓是多种多样,传感器在外观上千差万别,图1-5为几种常见传感器的外形图。

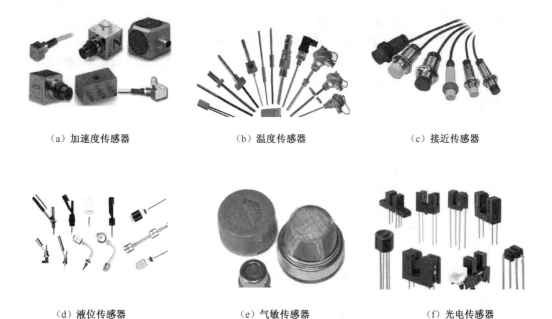

（a）加速度传感器　　　　　（b）温度传感器　　　　　（c）接近传感器

（d）液位传感器　　　　　（e）气敏传感器　　　　　（f）光电传感器

图1-5 几种常见传感器的外形图

二、传感器的结构类型

1. 传感器的结构

传感器是能感受规定的被测量并按照一定的规律将其转换成可用输出信号的器件或装置。因而从狭义上讲,传感器是把外界输入的非电信号转换成电信号的装置。一般也称传感器为变换器、换能器和探测器,其输出的电信号陆续输送给后续配套的测量电路及终端装置,以便进行电信号的调理、分析、记录或显示等。

传感器通常由直接响应于被测量的敏感元件和产生可用信号输出的转换元件以及相应的测量转换电路组成,其结构图如图1-6所示。

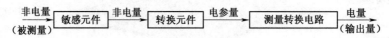

图1-6 传感器的结构图

敏感元件是传感器的核心,它在传感器中直接感受被测量,并转换成与被测量有确定关系、更易于转换的非电量;被测量通过敏感元件转换后,再经转换元件转换成电参量;测量转换电路的作用是将转换元件输出的电参量转换成易于处理的电压、电流或频率量。

2. 传感器的类型

(1)按被测物理量分。如力传感器、压力传感器、位移传感器、温度传感器、角度传感器等。

(2)按照传感器的工作原理分。如应变式传感器、压电式传感器、压阻式传感器、电感式传感器、电容式传感器、光电式传感器等。

(3)按照传感器转换能量的方式分。

①能量转换型,如压电式传感器、热电偶传感器、光电式传感器等。

②能量控制型,如电阻式传感器、电感式传感器、霍尔传感器以及热敏电阻传感器、光敏电阻传感器、湿敏电阻传感器等。

(4)按照传感器工作机理分:

①结构型,如电感式传感器、电容式传感器等。

②物性型,如压电式传感器、光电式传感器、各种半导体式传感器等。

(5)按照传感器输出信号的形式分:

①模拟式,传感器输出为模拟电压量。

②数字式,传感器输出为数字量,如编码器式传感器。

3. 传感器的命名和代号

(1)传感器的命名

传感器的命名由主题词加四级修饰语构成。

主题词——传感器。

第一级修饰语——被测量,包括修饰被测量的定语。

第二级修饰语——转换原理,一般可后续以"式"字。

第三级修饰语——特征描述,指必须强调的传感器结构、性能、材料特征、敏感元件其他必要的性能特征,一般可后续以"型"字。

第四级修饰语——主要技术指标(量程、精确度、灵敏度等)。

(2)传感器的代号

传感器的代号依次为主称(传感器)-被测量-转换原理-序号。

主称——传感器,代号 C。

被测量——用一个或两个汉语拼音的第一个大写字母标记(见表 1-1)。

转换原理——用一个或两个汉语拼音的第一个大写字母标记(见表 1-2)。

序号——用一个阿拉伯数字标记,厂家自定,用来表征产品设计特性、性能参数、产品系列等。

例:CWY-YB-20 传感器。

C 表示传感器主称;WY 表示被测量是位移;YB 表示转换原理是应变式;20 表示传感器序号。

表 1-1 常用被测量代号

被测量	代号	被测量	代号	被测量	代号
压力	Y	液位	YW	Γ 射线	(γ)
力	L	尺度	CD	照度	HD
重量(称重)	ZL	厚度	H	亮度	LU
应力	YL	角度	J	色度	SD
剪切应力	QL	倾角	QJ	图像	TX
力矩	LJ	表面粗糙度	MZ	磁	C
扭矩	NJ	密度	M	磁场强度	CQ
速度	V	液体密度	[Y]M	磁通量	CT
线速度	XS	气体密度	[Q]M	电场强度	DQ
角速度	JS	黏度	N	电流	DL
转速	ZS	浊度	Z	电压	DY
流速	LS	硬度	YD	声	SH
加速度	A	流向	LX	声压	SY
线加速度	XA	温度	W	噪声	ZS
角加速度	JA	光	G	超声波	CS
振动	ZD	激光	JG	气体	Q
流量	LL	可见光	KG	氧气	(Q2)
位移	WY	红外光	HG	湿度	S
线位移	XW	紫外光	ZG	结露	JL
角位移	JW	射线	SX	露点	LD
位置	WZ	X 射线	(X)	水分	SF
物位	WW	β 射线	(β)	离子	LZ

表 1-2　常用转换原理代号

转换原理	代号	转换原理	代号	转换原理	代号
电解	DJ	光发射	GS	晶体管	IG
电导	DD	光导	GD	PN 结	PN
电位器	DW	光伏	GF	场效应管	CX
电阻	DZ	光纤	GX	涡轮	WL
电磁	DC	光栅	GS	谐振	XZ
电感	DG	热电	RD	应变	YB
电容	DR	热导	ED	压电	YD
电离	DL	热丝	RS	压阻	YZ
电涡流	DO	热辐射	RF	转子	ZZ
变压器	BY	热释电	RH	浮子	FZ
磁电	CD	热离子化	RL	浮子-干簧管	FH
磁阻	CZ	伺服	SF	超声波	CS
霍尔	HE	石英振子	SZ	声表面波	SB

任务实施

1. 上网查找相应资料,写出下列代号的传感器名称。

(1) CY-YZ-2.5;

(2) CA-DR-±5;

(3) CLL-DC-10;

(4) CDL-HE-1200;

(5) CW-800A;

(6) CXY-YD-12。

2. 通过查询文献、网络搜寻等方法,收集各类传感器的信息。将它们的类别、基本原理、优缺点以及适用范围填入表 1-3 中。

常用传感器

表 1-3　传感器的信息

类别	基本原理	优缺点	适用范围

本任务的评价主要从学习内容资讯掌握情况、项目报告完成情况以及职业素养等方面来考核。具体要求如表1-4所示。

表1-4 传感器评价表

考核项目	考核内容及要求	分值	学生自评	小组评分	教师评分
学习内容掌握情况	1）根据传感器所标注的代码能正确识别传感器的类型； 2）能根据各类传感器的信息，选择、使用合适的传感器	65			
项目报告书完成情况	1）语言表达准确、逻辑性强； 2）格式标准，内容充实、完整； 3）有详细的项目分析及数据记录	25			
职业素养	1）学习、工作积极主动，遵时守纪； 2）团结协作精神好； 3）踏实勤奋、严谨求实	10			
总分					

任务二　了解传感器的基本特性

任务要求

在传感器的选择上，传感器的基本特性是选择传感器的原则之一。本任务要求了解传感器的基本特性并能够计算它的非线性误差及灵敏度。

知识储备

一、传感器的静态特性

传感器的静态特性是指对静态的输入信号，传感器的输出量与输入量之间所具有相互关系。因为这时输入量和输出量都和时间无关，所以它们之间的关系即传感器的静态特性，可用一个不含时间变量的代数方程，或以输入量作横坐标，把与其对应的输出量作纵坐标而画出的特性曲线来描述。表征传感器静态特性的主要参数有：线性度、灵敏度、重复性和迟滞等。

1. 线性度

线性度是传感器输出量与输入量之间的实际关系曲线偏离直线的程度，又称非线性误差，如图1-7所示。

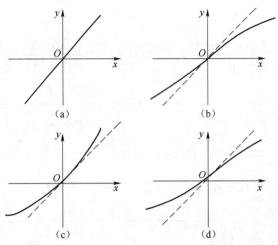

图 1-7　传感器的线性度

由图可见,除图 1-7(a)为理想特性外,其他都存在非线性。从传感器的性能看,希望具有线性关系,即具有理想的输出/输入关系。但如果传感器非线性的方次不高,输入量变化范围较小时,可用一条直线(切线或割线)近似地代表实际曲线的一段,使传感器输出/输入特性线性化。所采用的直线称为拟合直线。图 1-8 所示是常用的几种直线拟合方法。

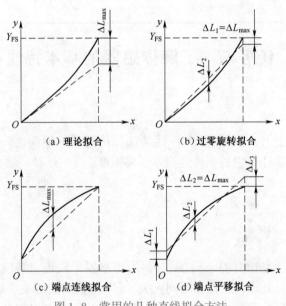

图 1-8　常用的几种直线拟合方法

2. 灵敏度

灵敏度是传感器在稳态下输出增量与输入增量的比值。对于线性传感器,其灵敏度就是它的静态特性的斜率,如图 1-9(a)所示,其灵敏度为

$$S = \frac{y}{x} \tag{1-1}$$

非线性传感器的灵敏度是一个随工作点而变的变量,如图1-9(b)所示,其灵敏度为

$$S = \frac{\mathrm{d}y}{\mathrm{d}x} = \frac{\mathrm{d}f(x)}{\mathrm{d}x} \tag{1-2}$$

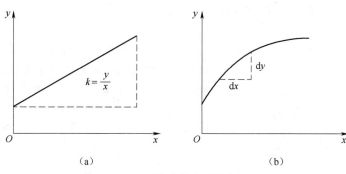

图1-9 传感器的灵敏度

3. 重复性

重复性是传感器在输入量按同一方向做全量程多次测试时,所得特性曲线不一致性的程度,如图1-10所示。重复性属于随机误差,可用正反行程中的最大偏差表示,即

$$r_{R} = \pm\frac{1}{2}\frac{\Delta m}{Y_{FS}} \times 100\% \tag{1-3}$$

传感器输出特性的不重复性主要由传感器机械部分的磨损、间隙、松动,部件的内磨擦、积尘,电路元件老化、工作点漂移等原因产生。

4. 迟滞

传感器在正向行程(输入量增大)和反向行程(输入量减小)期间,输出/输入特性曲线不一致的程度,如图1-11所示。在行程环中同一输入量 x_i 对应的不同输出量 y_i 和 y_d 的差值称为滞环误差,最大滞环误差与满量程输出值的比值称最大滞环率 E_{MAX}:

$$E_{MAX} = \frac{\Delta m}{Y_{FS}} \times 100\% \tag{1-4}$$

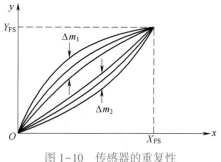

图1-10 传感器的重复性

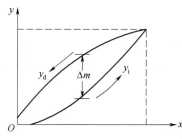

图1-11 传感器的迟滞

5. 分辨力

传感器的分辨力是在规定测量范围内所能检测的输入量的最小变化量。有时也用该值相对满量程输入值的百分数表示。

6. 稳定性

稳定性有短期稳定性和长期稳定性之分。传感器常用长期稳定性,指在室温条件下,经过相当长的时间间隔,如一天、一月或一年,传感器的输出与起始标定时的输出之间的差异。通常又用其不稳定度来表征稳定程度。

7. 漂移

传感器的漂移是指在外界的干扰下,输出量发生与输入量无关的不需要的变化。漂移包括零点漂移和灵敏度漂移等。零点漂移和灵敏度漂移又可分为时间漂移和温度漂移。时间漂移是指在规定的条件下,零点或灵敏度随时间的缓慢变化。温度漂移为环境温度变化而引起的零点或灵敏度的变化。

二、传感器的动态特性

所谓动态特性,是指传感器在输入变化时,它的输出的特性。在实际工作中,传感器的动态特性常用它对某些标准输入信号的响应来表示。这是因为传感器对标准输入信号的响应容易用实验方法求得,并且它对标准输入信号的响应与它对任意输入信号的响应之间存在一定的关系,往往知道了前者就能推定后者。最常用的标准输入信号有阶跃信号和正弦信号两种,所以传感器的动态特性也常用阶跃响应和频率响应来表示。传感器动态特性的具体内容在本书中不再详细说明。

三、传感器的选用原则

1. 根据测量对象与测量环境选用

要进行具体的测量工作,首先要考虑采用何种原理的传感器,这需要分析多方面的因素之后才能确定。因为,即使是测量同一物理量,也有多种原理的传感器可供选用,哪一种原理的传感器更为合适,则需要根据被测量的特点和传感器的使用条件考虑以下一些具体问题:量程的大小;被测位置对传感器体积的要求;测量方式为接触式还是非接触式;信号的引出方法,有线或是非接触测量;传感器的来源,国产还是进口,价格能否承受,还是自行研制。

在考虑上述问题之后就能确定选用何种类型的传感器,然后再考虑传感器的具体性能指标。

2. 根据灵敏度选用

通常,在传感器的线性范围内,希望传感器的灵敏度越高越好。因为只有灵敏度高时,与被测量变化对应的输出信号的值才比较大,有利于信号处理。但要注意的是,传感器的灵敏度高,与被测量无关的外界噪声也容易混入,也会被放大系统放大,影响测量精度。因此,要求传感器本身应具有较高的信噪比,尽量减少从外界引入的干扰信号。

传感器的灵敏度是有方向性的。如果被测量是单向量,而且对其方向性要求较高,则应选择其他方向灵敏度小的传感器;如果被测量是多维向量,则要求传感器的交叉灵敏度越小越好。

3. 根据频率响应特性选用

传感器的频率响应特性决定了被测量的频率范围,必须在允许频率范围内保持不失真。

实际上,传感器的响应总有一定延迟,希望延迟时间越短越好。传感器的频率响应越高,可测的信号频率范围就越宽。

在动态测量中,应根据信号的特点(稳态、瞬态、随机等)响应特性,以免产生过大的误差。

4. 根据传感器的线性范围选用

传感器的线性范围是指输出与输入成正比的范围。以理论上讲,在此范围内,灵敏度保持定值。传感器的线性范围越宽,则其量程越大,并且能保证一定的测量精度。在选择传感器时,当传感器的种类确定以后首先要看其量程是否满足要求。

但实际上,任何传感器都不能保证绝对的线性,其线性度也是相对的。当所要求测量精度比较低时,在一定的范围内,可将非线性误差较小的传感器近似看作是线性的,这会给测量带来极大方便。

5. 根据传感器的稳定性选用

传感器使用一段时间后,其性能保持不变的能力称为稳定性。影响传感器长期稳定性的因素除传感器本身结构外,主要是传感器的使用环境。因此,要使传感器具有良好的稳定性,传感器必须要有较强的环境适应能力。

在选择传感器之前,应对其使用环境进行调查,并根据具体的使用环境选择合适的传感器,或采取适当的措施,减小环境的影响。

6. 根据传感器的精度选用

精度是传感器的一个重要的性能指标,它是关系到整个测量系统测量精度的一个重要环节。传感器的精度越高,其价格越昂贵,因此,传感器的精度只要满足整个测量系统的精度要求就可以,不必选得过高。如果测量目的是为了定性分析,则选用重复精度高的传感器即可,不宜选用绝对量值精度高的;如果测量目的是为了定量分析,必须获得精确的测量值,则需要选用精度等级能满足要求的传感器。

任务实施

1. 某压力传感器的测量数据如表 1-5 所示,试用端点连线法求非线性误差及其灵敏度。

表 1-5 某压力传感器的测量数据

压力 /MPa	输出值/mV					
	第一次		第二次		第三次	
	正行程	反行程	正行程	反行程	正行程	反行程
0	−2.73	−2.71	−2.71	−2.68	−2.68	−2.69
0.02	0.56	0.66	0.61	0.68	0.64	0.69
0.04	3.96	4.06	3.99	4.09	4.03	4.11
0.06	7.40	7.49	7.43	7.53	7.45	7.52
0.08	10.88	10.95	10.89	10.93	10.94	10.99
0.10	14.42	14.42	14.47	14.47	14.46	14.16

2. 某电容式位移传感器的测量数据如表 1-6 所示,试用端点连线法求非线性误差及其灵敏度 。

表 1-6 某电容式位移传感器的测量数据

压力 /MPa	输出值/mV					
	第一次		第二次		第三次	
	正行程	反行程	正行程	反行程	正行程	反行程
0.2	65	64	64	65	65	64
0.4	174	175	174	175	174	173
0.6	283	282	283	282	282	284
0.8	399	398	400	399	399	398
0.1	504	505	503	503	504	505
1.2	613	613	612	612	614	614

任务评价

本任务的评价主要从学习内容掌握情况、项目报告完成情况以及职业素养等方面来考核。具体要求如表 1-7 所示。

表 1-7 传感器的基本特性评价表

考核项目	考核内容及要求	分值	学生 自评	小组 评分	教师 评分
学习内容 掌握情况	能根据传感器测量数据计算出传感器的非线性误差	65			
项目报告 完成情况	1)语言表达准确、逻辑性强; 2)格式标准,内容充实、完整; 3)有详细的项目分析及数据记录	25			
职业素养	1)学习、工作积极主动,遵时守纪; 2)团结协作精神好; 3)踏实勤奋、严谨求实	10			
总　分					

项目总结

本项目分为传感器和了解传感器的基本特性两个任务,通过任务的实施要学会根据传感器代号来认识传感器,了解了基本传感器的特性;能够根据传感器的测量数据计算非线性误差。

习题与拓展训练

1. 信息技术系统的"感官""神经""大脑"分别指的什么技术?

2. 人们形象地把传感器比喻为什么？

3. 传感器的定义是什么？它一般包含哪两种元件？这两种元件分别是如何定义的？

4. 传感器的分类方法有哪几种？分别是什么？

5. 举几个物性型传感器和结构型传感器的例子。

6. 举几个直接转换型传感器和间接转换型传感器的例子。

7. 新型敏感材料包含哪几种？

8. 传感器静态特性中,灵敏度、迟滞重复性的定义是什么？各自表示的公式是什么？

项目二

光学量传感器的应用

项目描述

光电传感器是利用光敏元件将光信号转换成电信号的装置。光电传感器是目前产量最多,应用最广的一种传感器,例如,我们超市常见的条形码扫描笔,生产线上的产品计数器,光电式烟雾报警器、声光控延时开关等。光电传感器具有非接触、响应快、性能可靠等特点,在工业自动化领域和非电量的测试中占有极其重要的地位。

知识目标

1. 了解光电效应概念,了解红外辐射。
2. 熟悉光敏电阻的工作原理、结构形式、类型、性能特征和转换电路。
3. 熟悉光敏晶体管的工作原理、结构形式、类型、性能特征和转换电路。
4. 理解光控开关和红外倒车雷达的工作原理。

技能目标

1. 能够选择合适的元器件制作光控开关并完成其电路调试。
2. 能够选择合适的元器件制作红外倒车雷达并完成其电路调试。

任务一　光控开关的制作与调试

任务要求

制作一光控开关,当光照强度弱的时候自动打开电灯,当光照强度高时,电灯自动关闭。要求选择合适的元器件,在万通板上完成焊接,并进行调试。

知识储备

一、光电效应及分类

光是以光速运动的粒子流,每个光子都有一定的能量,其大小与它的频率成正比,即

$$E = h\nu = \frac{hc}{\lambda} \tag{2-1}$$

可见,不同频率和波长的光具有不同的能量,光的频率越高,光子的能量就越大。光的能量是光子能量的总和。光电效应是指,当光线照射在金属表面时,金属中有电子逸出的现象,称为光电效应,逸出的电子称为光电子。光电效应一般分为内光电效应、外光电效应和光生伏特效应。

1. 内光电效应

内光电效应是被光激发所产生的载流子(自由电子或空穴)仍在物质内部运动,使物质的电导率发生变化或产生光生伏特的现象。

2. 外光电效应

光电效应

外光电效应是被光激发产生的电子逸出物质表面,形成真空中的电子的现象。在光的作用下,物体内的电子逸出物体表面向外发射的现象称为外光电效应。

以爱因斯坦方式量化分析光电效应时使用以下方程:

光子能量 = 逸出一个电子所需的能量 + 被发射的电子的动能

代数形式:

$$h\nu = \phi + E; h\nu > \phi \tag{2-2}$$

式中:h 是普朗克常数;ν 是入射光子的频率;E 是被射出的电子的最大动能。如果光子的能量($h\nu$)不大于功函数(ϕ),就不会有电子射出。功函数有时又以 W 标记。

3. 光生伏特效应

利用光势垒效应,光势垒效应指在光的照射下,物体内部产生一定方向的电势。光电池是基于光生伏特效应制成的,是自发电式有源器件。光生伏特效应又分为两类:

(1)势垒光电效应(结光电效应)

以 PN 结为例,当光照射 PN 结时,若光子能量大于半导体材料的禁带宽度 Eg,则使价带的电子跃迁到导带,产生自由电子-空穴对。在 PN 结阻挡层内电场的作用下,被激发的电子移向 N 区的外侧,被激发的空穴移向 P 区的外侧,从而使 P 区带正电,N 区带负电,形成光电动势。

(2)侧向光电效应

当半导体光电器件受光照不均匀时,有载流子浓度梯度将会产生侧向光电效应。当光照部分吸收入射光子的能量产生电子空穴对时,光照部分载流子浓度比未受光照部分的载流子浓度大,就出现了载流子浓度梯度,因而载流子就要扩散。如果电子迁移率比空穴大,那么空穴的扩散不明显,则电子向未被光照部分扩散,就造成光照射的部分带正电,未被光照射部分带负电,光照部分与未被光照部分产生光电动势。基于光生伏特效应的光电元件有光电池、光敏二极管、光敏三极管、光敏晶闸管等。

二、光电管

1. 结构与工作原理

光电管(Phototube)是基于外光电效应的基本光电转换器件。光电管可使光信号转换成电信号。光电管分为真空光电管和充气光电管两种。光电管的典型结构是将球形玻璃壳抽成真空,在内半球面上涂一层光电材料作为阴极,球心放置小球形或小环形金属作为阳极。

若球内充低压惰性气体就成为充气光电管。光电子在飞向阳极的过程中与气体分子碰撞而使气体电离,可增加光电管的灵敏度。用作光电阴极的金属有碱金属、汞、金、银等,可适合不同波段的需要,光电管的结构、符号及测量电路如图 2-1 所示。

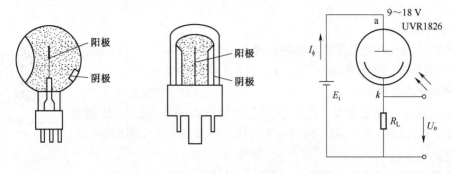

（a）光电管的结构　　　　　　　　（b）光电管符号及其测量电路

图 2-1　光电管的结构、符号及测量电路

2. 光电管特性

光电管的性能主要由伏安特性、光照特性、光谱特性、响应时间、峰值探测率和温度特性来描述。

（1）伏安特性。在一定的光照射下,对光电器件的阴极所加电压与阳极所产生的电流之间的关系称为光电管的伏安特性。光电管的伏安特性如图 2-2 所示。它是应用光电传感器参数的主要依据。

（2）光照特性。通常指当光电管的阳极和阴极之间所加电压一定时,光通量与光电流之间的关系为光电管的光照特性。其特性曲线如图 2-3 所示,曲线 1 表示氧铯阴极光电管的光照特性,光电流 I 与光通量成线性关系。曲线 2 为锑铯阴极的光电管光照特性,它成非线性关系。光照特性曲线的斜率(光电流与入射光光通量之比)称为光电管的灵敏度。

由于光阴极对光谱有选择性,因此光电管对光谱也有选择性。保持光通量和阴极电压不变,阳极电流与光波长之间的关系称为光电管的光谱特性。一般对于光电阴极材料不同的光电管,它们有不同的红限频率 ν_0,因此它们可用于不同的光谱范围。除此之外,即使照射在阴极上的入射光的频率高于红限频率 ν_0,并且强度相同,随着入射光频率的不同,阴极发射的光电子的数量还会不同,即同一光电管对于不同频率的光的灵敏度不同,光电管的光谱特性如图 2-4 所示。

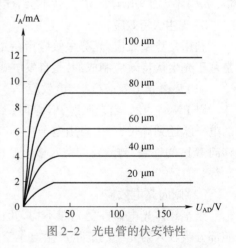

图 2-2　光电管的伏安特性

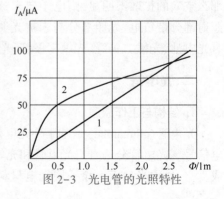

图 2-3　光电管的光照特性

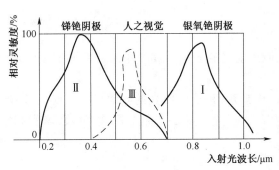

图 2-4　光电管的光谱特性

三、光电倍增管

1. 结构与工作原理

光电倍增管是将微弱光信号转换成电信号的真空电子器件。光电倍增管用在光学测量仪器和光谱分析仪器中。它能在低能级光度学和光谱学方面测量波长为 200~1 200 nm 的极微弱辐射功率。

光电倍增管是一种真空器件。它由光电发射阴极（光阴极）和聚焦电极、电子倍增极及电子收集极（阳极）等组成。典型的光电倍增管按入射光接收方式可分为端窗式和侧窗式两种类型。图 2-5 所示为端窗型光电倍增管的剖面结构图。其主要工作过程如下：

当光照射到光阴极时，光阴极向真空中激发出光电子。这些光电子按聚焦极电场进入倍增系统，并通过进一步的二次发射得到的倍增放大。然后把放大后的电子用阳极收集作为信号输出。

图 2-6 为光电倍增管的基本电路，各倍增电极均加有电压，阴极电位最低，各倍增电极电位依次升高，因此存在加速电场。从阴极发出的光电子，在电场加速下打在第一倍增极上，打出 3~6 倍的电子，再经加速打在第二倍增极上，电子数继续增加，如此连续倍增直至被阳极收集为止，从而在整个回路里形成光电流 I_A。

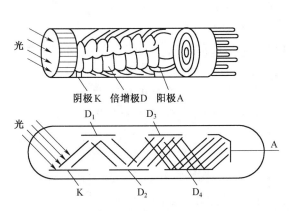

图 2-5　端窗型光电倍增管的剖面结构图

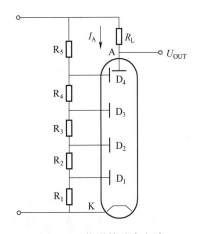

图 2-6　倍增管基本电路

2. 光电倍增管的类型

(1)按接收入射光方式分类

光电倍增管按其接收入射光的方式一般可分成端窗型(Head-on)和侧窗型(Side-on)两大类。

侧窗型光电倍增管(R系列)是从玻璃壳的侧面接收入射光,端窗型光电倍增管(CR系列)则从玻璃壳的顶部接收入射光。图2-7是侧窗式光电倍增管和端窗式光电倍增管的外形图。

（a）侧窗式　　　　　　　　　　　　　（b）端窗式

图2-7　侧窗式光电倍增管和端窗式光电倍增管的外形图

(2)按电子倍增系统分类

光电倍增管之所以具有优异的灵敏度(高电流放大和高信噪比),主要得益于基于多个排列的二次电子发射系统的使用。它可使电子在低噪声条件下得到倍增。电子倍增系统,包括8~19极的倍增极电极。

现在使用的光电倍增管的电子倍增系统有以下8类:

①环形聚焦型。环型聚焦型结构主要应用于侧窗型光电倍增管中,其主要特点是结构紧凑和响应快速。

②盒栅型。这种结构包括一系列的1/4圆柱形的倍增极,并因其具有相对简单的倍增极结构和良好的一致性而被广泛应用于端窗型光电倍增管中,但在某些应用场合,它的时间响应略显缓慢。

③直线聚焦型。直线聚焦型光电倍增管以其极快的时间响应而被广泛应用于对时间分辨率和线性脉冲要求较高的研究领域以及端窗型光电倍增管中。

④百叶窗型。百叶窗型结构的倍增极可以较大,能够应用于大阴极的光电倍增管中。这种结构的一致性比较好,有大的脉冲输出电流。多应用于对时间响应要求不高的场合。

⑤细网型。该结构有封闭的精密组合网状倍增级,因而具有极强的抗磁性、一致性和脉冲线性输出特性。另外,在使用交叠阳极或多极结构输出的情况下,还具有位置灵敏的特性。

⑥微通道板(MCP)型。MCP微通道板型光电倍增管是将上百万的微小玻璃管(通道)彼此平行地集成为薄形盘片状而形成的。这种结构的每个通道都是一个独立的电子倍增器。MCP比任何分离电极的倍增极结构都具有超快的时间响应,并且当采用多阳极输出结构时,这种结构的光电倍增管在磁场中仍具有良好的一致性和极强的二维探测能力。

⑦金属通道型。金属通道型是滨松公司采用独有的机械加工技术所创造的紧凑型阳极结构,其各个倍增极之间的狭窄通道空间特性使其比任何常规结构的光电倍增管都具有更

快的时间响应速度。金属通道型光电倍增管适用于位置灵敏度要求比较高的探测方面。

⑧混合型。混合型是将上述结构中的两种结构相互混合而形成的复合型结构。混合结构的倍增极一般都可以发挥各自的优势。

3. 光电倍增管的使用特性

（1）光谱响应

光电倍增管由阴极接收入射光子的能量并将其转换为光子,其转换效率(阴极灵敏度)随入射光的波长而变。这种光阴极灵敏度与入射光波长之间的关系称为光谱响应特性。

图 2-8 给出了双碱光电倍增管(其光阴极材料为 Sb-Rb-Cs 和 Sb-K-Cs)的典型光谱响应曲线。

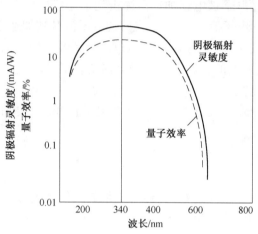

图 2-8　光电倍增管的光谱响应特性

（2）光照灵敏度

灵敏度是衡量光电倍增管探测光信号能力的一个重要参数,一般是指积分灵敏度,其单位为 μA/lm。光电倍增管的灵敏度一般包括阴极灵敏度和阳极灵敏度。

①阴极光照灵敏度 S_K。

阴极光照灵敏度 S_K 是指光电阴极本身的积分灵敏度。定义为光电阴极的光电流 I_k 除以入射光通量 Φ 所得的商。

$$S_K = \frac{I_K}{\Phi} \tag{2-3}$$

光电倍增管阴极灵敏度的测量原理如图 2-9 所示。入射到阴极 K 的光照度为 E,光电阴极的面积为 A,则光电倍增管接收到的光通量为

$$\Phi = E \cdot A \tag{2-4}$$

由式(2-4)可以计算出阴极灵敏度。

入射到光电阴极的光通量不太大,否则由于光电阴极层的电阻损耗会引起测

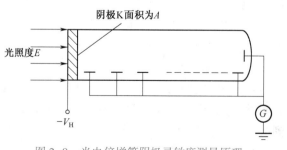

图 2-9　光电倍增管阴极灵敏度测量原理

量误差。光通量也不能太小,否则由于欧姆漏电流影响光电流的测量精度,通常采用的光通量的范围为 $10^{-5} \sim 10^{-2} \mathrm{lm}$。

②阳极光照灵敏度 S_A。

阳极光照灵敏度 S_A 是指光电倍增管在一定工作电压下阳级输出电流与照射阴极上光通量的比值:

$$S_A = \frac{I_A}{\Phi} \qquad (2-5)$$

(3)放大倍数(电流增益)G

光阴极发射出来的光电子被电场加速后撞击到第一倍增极上将产生二次电子发射,以便产生多于光电子数目的电子流,这些二次发射的电子流又被加速撞击到下一个倍增极,以产生又一次的二次电子发射,连续地重复这一过程,直到最末倍增极的二次电子发射被阳极收集,这样就达到了电流放大的目的。这时光电倍增管阴极产生的很小的光电子电流即被放大成较大的阳极输出电流。

放大倍数 G(电流增益)定义为在一定的入射光通量和阳极电压下,阳极电流 I_A 与阴极电流 I_K 间的比值。

$$G = \frac{I_A}{I_K} \qquad (2-6)$$

由于阳级灵敏度包含了放大倍数的贡献,于是放大倍数也可以由在一定工作电压下阳极灵敏度和阴极灵敏度的比值来确定,即

$$G = \frac{S_A}{S_K} \qquad (2-7)$$

放大倍数 G 取决于系统的倍增能力,因此它是工作电压的函数。

四、光敏电阻

1. 光敏电阻的结构及工作原理

光敏电阻其工作原理是基于内光电效应。光敏电阻的结构很简单,图 2-10(a)为金属封装的硫化镉光敏电阻的结构图。在玻璃底板上均匀地涂上一层薄薄的半导体物质,称为光导层。半导体的两端装有金属电极,金属电极与引出线端相连接,光敏电阻就通过引出线端接入电路。为了防止周围介质的影响,在半导体光敏层上覆盖了一层漆膜,漆膜的成分应使它在光敏层最敏感的波长范围内透射率最大。为了提高灵敏度,光敏电阻的电极一般采用梳状图案,如图 2-10(b)所示。图 2-10(c)为光敏电阻的接线图。

构成光敏电阻的材料有硫化镉或硒化镉等半导体,光照愈强,阻值就愈低,随着光照强度的升高,电阻值迅速降低,亮电阻值可小至 $1 \mathrm{k\Omega}$ 以下。光敏电阻对光线十分敏感,其在无光照时,呈高阻状态,暗电阻一般可达 $1.5 \mathrm{M\Omega}$。光敏电阻的特殊性能,随着科技的发展将得到极其广泛应用。

2. 光敏电阻的主要参数

光敏电阻的主要参数有:

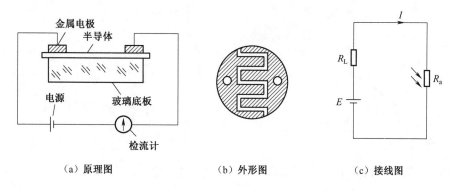

（a）原理图   （b）外形图   （c）接线图

图 2-10　光敏电阻

①暗电阻。光敏电阻在不受光照射时的阻值称为暗电阻，此时流过的电流称为暗电流。

②亮电阻。光敏电阻在受光照射时的电阻称为亮电阻，此时流过的电流称为亮电流。

③光电流。亮电流与暗电流之差称为光电流。

3. 光敏电阻的基本特性

（1）伏安特性

在一定照度下，流过光敏电阻的电流与光敏电阻两端电压的关系称为光敏电阻的伏安特性。图 2-11 为硫化镉光敏电阻的伏安特性曲线。由图可见，光敏电阻在一定的电压范围内，其 I-U 曲线为直线。

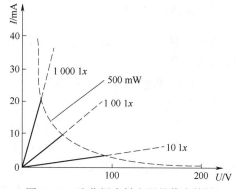

图 2-11　硫化镉光敏电阻的伏安特性

（2）光照特性

光敏电阻的光照特性是描述光电流 I 和光照强度之间的关系，不同材料的光照特性是不同的，绝大多数光敏电阻光照特性是非线性的。图 2-12 为硫化镉光敏电阻的光照特性。

（3）光谱特性

光敏电阻的特性

光敏电阻对入射光的光谱具有选择作用，即光敏电阻对不同波长的入射光有不同的灵敏度。光敏电阻的相对光敏灵敏度与入射波长的关系称为光敏电阻的光谱特性，亦称为光谱响应。图 2-13 为几种不同材料光敏电阻的光谱特性。对应于不同波长，光敏电阻的灵敏度是不同的，而且不同材料的光敏电阻光谱响应曲线也不同。

（4）频率特性

光敏电阻的光电流不能随着光强改变而立刻变化，即光敏电阻产生的光电流有一定的惰性，这种惰性通常用时间常数表示。大多数的光敏电阻时间常数都较大，这是它的缺点之一。不同材料的光敏电阻具有不同的时间常数（毫秒数量级），因而它们的频率特性也就各不相同。图 2-14 为硫化镉和硫化铅光敏电阻的频率特性。

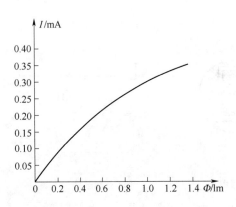

图 2-12　硫化镉光敏电阻的光照特性图

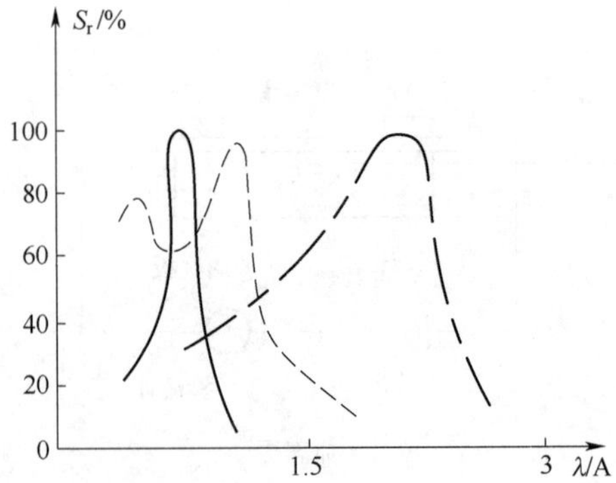

图 2-13　几种不同材料光敏电阻的光谱特性

五、光敏晶体管

光敏晶体管包括光敏二极管和光敏三极管,它们都是基于光生伏特效应。

1. 光敏二极管结构及工作原理

光敏二极管的结构与一般二极管相似,它的 PN 结装在管的顶部,可以直接受到光照射。

光敏二极管在电路中一般处于反向工作状态,光敏二极管的结构示意图及符号如图 2-15(a) 所示,图 2-15(b) 中给出的是光敏二极管的接线图。

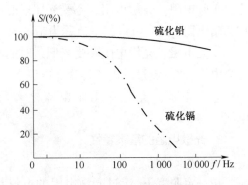

图 2-14　硫化镉和硫化铅光敏
电阻的频率特性

没有光照射时,处于反向偏置的光敏二极管,工作于截止状态,这时只有少数载流子在反向偏压的作用下,渡越阻挡层,形成微小的反向电流即暗电流。这时反向电阻很大。

当光照射在 PN 结上时,光子打在 PN 结附近,PN 结附近产生光生电子和光生空穴对。从而使 P 区和 N 区的少数载流子浓度大大增加,因此在反向外加电压和内电场的作用下,P 区的少数载流子渡越阻挡层进入 N 区,N 区的少数载流子渡越阻挡层进入 P 区,从而使通过 PN 结的反向电流大为增加,形成光电流。这时二极管处于导通状态。光的照度越大,光电流越大。

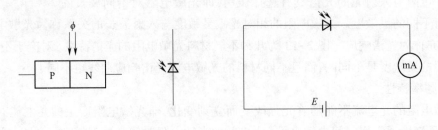

（a）结构示意图及符号　　　　　　　　　　（b）接线图

图 2-15　光敏二极管结构及接线图

2. 光敏三极管结构及工作原理

光敏三极管与普通半导体三极管一样,是采用半导体制作工艺制成的具有 NPN 或 PNP 结构的半导体管,光敏三极管芯片结构如图 2-16 所示。为适应光电转换的要求,它的基区面积做得较大,发射区面积做得较小,入射光主要被基区吸收。和光敏二极管一样,管子的芯片被装在带有玻璃透镜金属管壳内,当光照射时,光线通过透镜集中照射在芯片上。

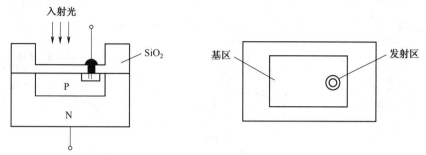

图 2-16　光敏三极管芯片结构

将光敏三极管接在图 2-17 所示的电路中,光敏三极管的集电极接正电位,其发射极接负电位。当无光照射时,流过光敏三极管的电流,就是正常情况下光敏三极管集电极与发射极之间的穿透电流 I_{ceo},它也是光敏三极管的暗电流,其大小为

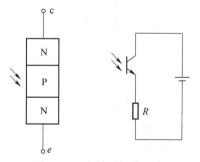

$$I_{ceo} = (1 + h_{FE})I \qquad (2-8)$$

式中:I_{ceo}——集电极与发射极间的穿透电流。

h_{FE}——共发射极直流放大系数。

图 2-17　光敏三极管电路

当有光照射在基区时,激发产生的电子-空穴对增加了少数载流子的浓度,使集电结反向饱和电流大大增加,这就是光敏三极管集电结的光生电流。该电流注入发射结进行放大,成为光敏三极管集电极与发射极间电流,它就是光敏三极管的光电流。可以看出,光敏三极管利用普通半导体三极管的放大作用,将光敏二极管的光电流放大了($I + h_{FE}$)倍。所以,光敏三极管比光敏二极管具有更高的灵敏度。

3. 光敏晶体管的主要技术特性及参数

光敏晶体管的基本特性包括伏安特性、光谱特性、光电特性、温度特性、响应特性等。

(1)伏安特性

光敏三极管的伏安特性是指在给定的光照度下光敏三极管上的电压与光电流的关系。光敏三极管的伏安特性曲线如图 2-18(a)所示。

(2)光谱特性

光敏三极管的光谱特性是指在入射光照度一定时,输出的光电流(或相对灵敏度)随光波波长的变化而变化的特点,如图 2-18(b)所示。光敏三极管由于使用的材料不同,分为锗光敏三极管和硅光敏三极管,使用较多的是硅光敏三极管。光敏晶体管硅管的峰值波长为 0.9 μm 左右,锗管的峰值波长为 1.5 μm 左右。由于锗管的暗电流比硅管大,因此,一般来说,锗管的性能较差,故在可见光的探测或炽热物体探测时都采用硅管。对红外光进行探测时,则锗管较为合适。

（3）光电特性

光敏三极管的光电特性反映了当外加电压恒定时,光电流 I_L 与光照度之间的关系。图 2-18(c)给出了光敏三极管的光电特性曲线,光敏三极管的光电特性曲线的线性度没有光敏二极管的线性度好,且在弱光时光电流增加较慢。

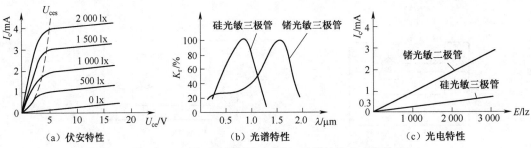

（a）伏安特性　（b）光谱特性　（c）光电特性

图 2-18　光敏三极管的伏安特性、光谱特性和光电特性

（4）温度特性

光敏晶体管的温度变化对输出亮电流的影响较小,主要由光照度所决定,输出暗电流随温度变化很大。因此,应用时必须在线路上采取温度补偿,比如采用调制光信号交流放大电路。

（5）频率特性

光敏晶体管受调制光照射时,相对灵敏度与调制频率的关系称为频率特性,减少负载电阻能提高响应频率,但输出降低。

（6）响应时间

硅和锗光敏二极管的响应时间分别为 10^{-5} s 和 10^{-7} s 左右,光敏三极管的响应时间比相应的二极管约慢一个数量级,因此,在要求快速响应或入射光调制频率比较高时选用硅光敏二极管较合适。

六、光电池

1. 光电池的结构及工作原理

光电池的工作原理是基于光生伏特效应。它的种类很多,有硅、硒、硫化银、肺化钢等,其感光灵敏度随材料和工艺方法的不同而有差异。目前,应用最广泛的是硅光电池。如图 2-19 所示,(a)图为一些常见的硅光电池,(b)图为光电池结构示意图,(c)图为光电池的图形符号。

光电池通常在 N 型衬底上渗入 P 型杂质形成一个大面积的 PN 结,当 PN 结受光照时,对光子的本征吸收和非本征吸收都将产生光生载流子。但能引起光伏效应的只能是本征吸收所激发的少数载流子。因 P 区产生的光生空穴,N 区产生的光生电子属多子,都被势垒阻挡而不能过结。只有 P 区的光生电子和 N 区的光生空穴和结区的电子空穴对(少子)扩散到结电场附近时能在内建电场作用下漂移过结。光生电子被拉向 N 区,光生空穴被拉向 P 区,即电子空穴对被内建电场分离。这导致在 N 区边界附近有光生电子积累,在 P 区边界附近有光生空穴积累。它们产生一个与热平衡 PN 结的内建电场方向相反的光生电场,其方向由

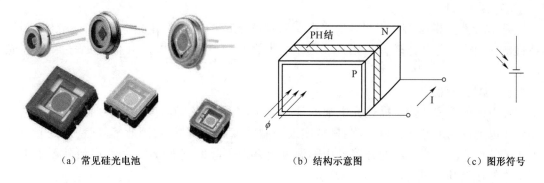

（a）常见硅光电池　　　　　　　　（b）结构示意图　　　　　　（c）图形符号

图 2-19　光电池

P 区指向 N 区。此电场使势垒降低，其减小量即光生电势差，P 端正，N 端负。于是有结电流由 P 区流向 N 区，其方向与光电流相反。如果这时分别在 P 型层和 N 型层焊上金属导线，接通负载，则外电路便有电流通过，如此形成的一个个电池元件，把它们串联、并联起来，就能产生一定的电压和电流，输出功率。

2. 光电池的基本特性

（1）光谱特性

光电池对不同波长的光有不同的灵敏度，图 2-20 所示为硒光电池和硅光电池的光谱特性，即相对灵敏度 K_r 和入射光波长 λ 之间的关系曲线。从曲线上可以看出，不同材料光电池的光谱峰值位置是不同的。例如，硅光电池可在 $0.45\sim1.1\ \mu m$ 范围内使用；硒光电池只能在 $0.34\sim0.57\ \mu m$ 范围内使用。

（2）光电特性

光电特性是指输出电压与电流之间的关系曲线，图 2-21 所示为硅光电池的光电特性曲线，其中光生电动势 U 与光照度 lx 间的特性曲线称为开路电压曲线；光电流强度 I_c 与光照度 lx 的特性曲线称为短路电流曲线。

从图 2-21 中可以看出，短路电流在很大范围内与光照度成线性关系，开路电压与光照度的关系是非线性的，在照度 2 000 lx 照射下就趋于饱和了。因此，用光电池作为敏感元件时，应该把它当做电流源的形式使用，即利用短路电流与光照度成线性关系的特点。

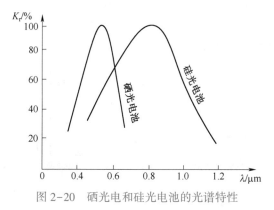

图 2-20　硒光电和硅光电池的光谱特性　　　　图 2-21　硅光电池的光电特性曲线

（3）频率特性

频率特性是指输出电流与入射光的调制频率之间的关系。硅光电池具有较高的频率特性响应，而硒光电池较差。因此，在高速计数器、有声电影以及其他方面多采用硅光电池。

（4）温度特性

光电池的温度特性是描述光电池的开路电压、短路电流随温度变化的曲线。由于它关系到光电池的温度漂移，影响到测量精度或控制精度等主要指标，因此，温度特性是光电池的重要特性之一。光电池的开路电压随温度上升而下降的速度较快，短路电流随温度上升而增加的速度却很缓慢。

七、光电耦合元件

光电耦合元件是以光作为媒体来传输电信号的一组装置，其功能是平时维持电信号输入、输出间有良好的隔离作用，需要时可以使电信号通过隔离层的传送方式。光电耦合元件可分为类比与数位两种，主要由光发射器和光侦测器组成。两种元件通常会整合到同一个封装，但它们之间除了光束之外不会有任何电气或实体连接。

光电耦合元件的光发射器大都是发光二极管（LED），光侦测器的种类比较多，但多半是光电二极管或光晶体管。如图2-22所示就是一个典型的光电耦合元件，当发光二极管流过电流时，发出红外线，光敏三极管受激发后导通，并在外电路作用下产生电流。图2-23是光电耦合元件的不同封装。

光电耦合元件及应用

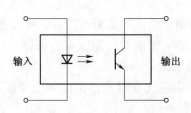

图2-22　光电耦合器符号

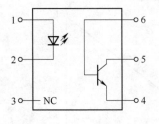

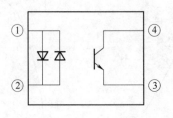

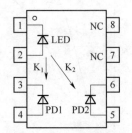

（a）光电耦合器三极管接收型6脚封装　（b）光电耦合器双发光二极管输入4脚封装　（c）光电耦合器双二极管接收型8脚封装

图2-23　光电耦合元件的不同封装

八、光电式传感器的应用

光电式传感器是一种常用的检测仪器,在多个行业中都有一定的应用。光电式传感器具有非接触、响应快、性能可靠等特点,因此在工业自动化领域中也得到了广泛的应用。

1. 条形码扫描笔

如图 2-24 所示,由于不同颜色的物体,其反射的可见光的波长不同,白色物体能反射各种波长的可见光,黑色物体则吸收各种波长的可见光,所以当条形码扫描器光源发出的光经光阑及凸透镜 1 后,照射到黑白相间的条形码上时,反射光经凸透镜 2 聚焦后,照射到光电转换器上,于是光电转换器接收到与白条和黑条相应的强弱不同的反射光信号,并转换成相应的电信号输出到放大整形电路。白条、黑条的宽度不同,相应的电信号持续时间长短也不同,但是,由光电转换器输出的与条形码的条和空相应的电信号一般仅 10 mV 左右,不能直接使用,因而先要将光电转换器输出的电信号送放大器放大,放大后的电信号仍然是一个模拟电信号,为了避免由条形码中的疵点和污点导致错误信号,在放大电路后需加一整形电路,把模拟信号转换成数字电信号,以便计算机系统能准确判读。整形电路的脉冲数字信号经译码器译成数字、字符信息,它通过识别起始、终止字符来判别出条形码符号的码制及扫描方向;通过测量脉冲数字电信号 0、1 的数目来判别出条和空的数目。通过测量 0、1 信号持续的时间来判别条和空的宽度,这样便得到了被辩读的条形码符号的条和空的数目及相应的宽度和所用码制,根据码制所对应的编码规则,便可将条形符号换成相应的数字、字符信息,通过接口电路送给计算机系统进行数据处理与管理,便完成了条形码辨读的全过程。

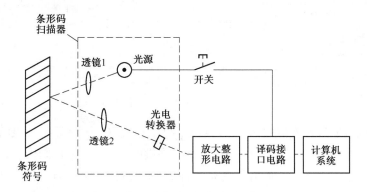

图 2-24　条形码扫描笔的原理图

2. 产品计数器

图 2-25 为产品计数器的原理示意图。产品在传送带上运行时,不断地遮挡光源到光敏器件间的光路,使光电脉冲电路随产品的有无产生一个个电脉冲信号。产品每遮光一次,光电脉冲电路便产生一个脉冲信号,因此,输出的脉冲数即代表产品的数目,该脉冲经计数电路计数并由显示电路显示出来。

3. 声光控延时开关

声光控制指通过利用声音以及光线的变化来控制电路实现特定功能的一种电子学控制方法。如图 2-26 所示,是一个典型的声光控开关电路,声光控制延时开关主要由声控开关、光控开关、延时电路几部分组成。

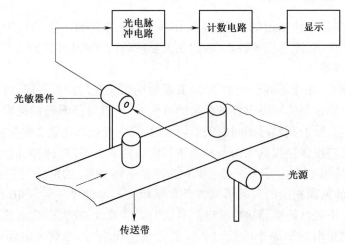

图 2-25　产品计数器工作原理

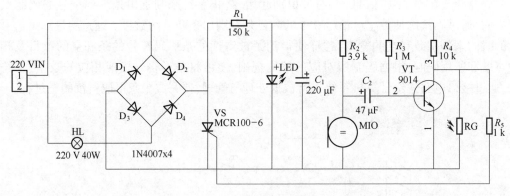

图 2-26　声光控开关电路

　　220 V 交流电通过灯泡流向 $D_1 \sim D_4$，经 $D_1 \sim D_4$ 整流、R_1 限流降压、LED 稳压（兼待机指示）、C_1 滤波后输出约 1.8 V 左右的直流电给电路供电。由于 LED 采用发光二极管，一方面利用其正向压降稳压，同时又利用其发光特性兼作待机指示。控制电路由 R_2、驻极体话筒 MIC、C_2、R_3、R_4、VT、RG 组成。在周围有其他光线的时候光敏电阻的阻值约为 1 kΩ 左右，VT 的集电极电压始终处于低电位，就算此时拍手，电路也无反应。到夜间时，光敏电阻的阻值上升到 1 MΩ 左右，对 VT 解除了钳位作用，此时 VT 处于放大状态，如果无声响，那么 VT 的集电极仍为低电位，晶闸管因无触发电压而关断。当拍手时声音信号被 MIC 接收转换成电信号，通过 C_2 耦合到 VT 的基极，音频信号的正半周加到 VT 基极时，VT 由放大状态进入饱和状态，相当于将晶闸管的控制极接地，电路无反应。而音频信号的负半周加到 VT 基极时，迫使其由放大状态变为截止状态，集电极上升为高电位，输出电压触发晶闸管导通，使主电路有电流流过，等效于开关闭合，而串联在其回路的灯泡得电工作。此时 C_2 的正极为高电位，负极为低电位，电流通过 R_3 缓慢地给 C_2 充电（实为 C_2 放电），当 C_2 两端电压达到平衡时，VT 重新处于放大状态，晶闸管关断，电灯熄灭，改变 C_2 大小可以改变电灯熄灭时间。

声光控延时开关广泛用于楼道、建筑走廊、洗漱室、厕所、厂房、庭院等场所,是现代极理想的绿色照明开关,并延长灯泡使用寿命。

4. 光电隔离

在微机控制系统中,大量应用的是开关量的控制,这些开关量一般经过微机的 I/O 输出,而 I/O 的驱动能力有限,一般不足以驱动一些点磁执行器件,需加接驱动介面电路,为避免微机受到干扰,须采取隔离措施。如可控硅所在的主电路一般是交流强电回路,电压较高,电流较大,不易与微机直接相连,可应用光耦合器将微机控制信号与可控硅触发电路进行隔离。功率驱动电路中的光电隔离如图 2-27 所示。

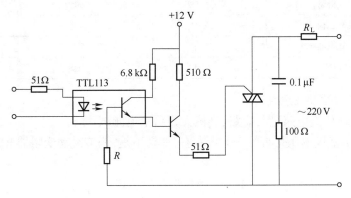

图 2-27　功率驱动电路中的光电隔离

 任务实施

1. 光控开关的工作原理

图 2-28 为光控开关的电路原理图,当光照度较强时,Q1 处于截止状态,Q2 也处于截止状态,LED1 和蜂鸣器均不响应;当光照强度较弱或天黑时,光敏电阻 R1 的阻值变大,Q1 基极电位升高,Q1 导通,Q1 发射极输出高电平,LED1 点亮,并且 Q2 导通,蜂鸣器鸣叫。

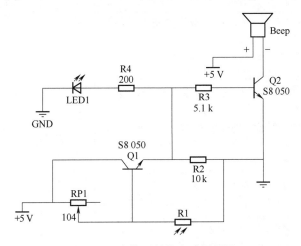

图 2-28　光控开关的电路原理图

2. 元器件清单

光控开关的元器件清单如表2-1所示。

表2-1 光控开关的元器件清单

序号	元件名称	元件标识	元件型号与参数	元件数量
1	光敏电阻	R1	5528	1
2	电阻	R2	10 kΩ	1
3	电阻	R3	5.1 kΩ	1
4	电阻	R4	200	1
5	三极管	Q1、Q2	S8050	2
6	发光二极管	LED1	红色	1
7	蜂鸣器	Beep	5 V	1
8	电阻	RP1	104	1

3. 电路调试过程及注意点

（1）上电之前检查电路是否短路，准确无误后上电测试；

（2）测量Q1基极电压是否处于1 V左右，如果不是，调节滑动变阻器RP_1，直至1 V左右为止；

（3）用手遮挡光敏电阻，观察LED1和蜂鸣器的状态。

任务评价

本任务的考核原则仍然为"过程考核和综合考核相结合，理论和实际考核相结合，教师评价和学生自评、互评相结合"，实行过程监控的考核体系。表2-2中有本任务中需要考核的内容及要求、所占的分值等，在具体评价时各位老师可根据需要确定评价考核的方式。

表2-2 光控开关评价表

考核项目	考核内容及要求	分值	学生自评	小组评分	教师评分
学习内容掌握情况	1）能正确识别光敏电阻、二极管、三极管、电阻器及电容器等电子元件； 2）能分析、选择、正确使用上述元器件； 3）能分析计算电路工作原理	25			
电路制作	1）能详细列出元件、工具、耗材及使用仪器仪表清单； 2）能制定详细的实施流程与电路调试步骤； 3）电路板设计制作合理，元器件布局合理，焊接规范； 4）能正确使用仪器仪表	25			
电路调试	1）能快速正确地调试光控开关； 2）能正确判断电路故障原因并及时排除故障	15			
项目报告完成情况	1）语言表达准确、逻辑性强； 2）格式标准，内容充实、完整； 3）有详细的项目分析、制作调试过程及数据记录	15			

考核项目	考核内容及要求	分值	学生自评	小组评分	教师评分
职业素养	1)学习、工作积极主动,遵时守纪; 2)团结协作精神好; 3)踏实勤奋、严谨求实	10			
安全文明操作	1)严格遵守操作规程; 2)安全操作,无事故	10			
总　分					

任务二　红外倒车雷达的制作与调试

红外倒车雷达是汽车倒车雷达中常见的倒车仪,测试时有近距离的障碍物时,发出警报。要求完成红外倒车雷达的制作,并进行调试。

知识储备

红外传感系统是用红外线为介质的测量系统,按照功能分成五类:①辐射计,用于辐射和光谱测量;②搜索和跟踪系统,用于搜索和跟踪红外目标,确定其空间位置并对它的运动进行跟踪;③热成像系统,可产生整个目标红外辐射的分布图像;④红外测距和通信系统;⑤混合系统,是指以上各类系统中的两个或者多个的组合。广泛应用于医学、军事、空间技术和环境工程等领域。

一、红外辐射基础

红外线是一种电磁波,位于可见光红光外端,在绝对零度(-273℃)以上的物体都辐射红外能量,是红外测温技术的基础。

1666 年,英国物理学家牛顿发现,太阳光经过三棱镜后分裂成彩色光带——红、橙、黄、绿、青、蓝、紫。1800 年,英国天文学家 F. W. 赫歇耳在用水银温度计研究太阳光谱的热效应时,发现热效应最显著的部位不在彩色光带内,而在红光之外。因此,他认为在红光之外存在一种不可见光。后来的实验证明,这种不可见光与可见光具有相同的物理性质,遵守相同的规律,所不同的只是一个物理参数——波长。这种不可见光称为红外辐射,又称红外光、红外线。

17~18 世纪,许多物理学家认为,光(包括红外光和紫外光)具有波动的性质,有一定的传播速度,波长是它的特征参数并可以测量。可见光的颜色不同,反映了它们的波长不同。紫光的波长最短,红光的波长最长,红外辐射的波长则更长,紫外光的波长比紫光更短。1864 年,英国物理学家 J. C. 麦克斯韦从理论上总结了当时已有的电磁学规律,提出了存在电磁波的可能性,它的传播速度可用纯电学量计算出来。后来的实际测量证明,其传播速度就是光速。因而猜想,光波就是电磁波。1887 年,德国科学家 H. R. 赫兹用实验证实了这一猜想。

已知带电体受到扰动就发射出电磁波。扰动越强烈,发射出电磁波的能量就越大,波长就越短。由于受扰动的方式有多种,电磁波的波长范围很广。电磁波谱各波段的名称和波长范围如图 2-29 所示。

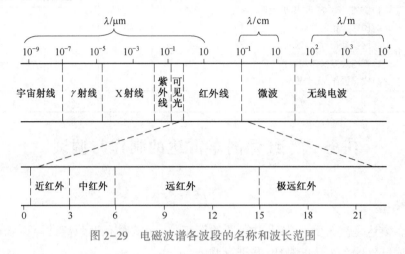

图 2-29　电磁波谱各波段的名称和波长范围

红外辐射位于电磁波谱的中央,其波长覆盖四个数量级。在整个电磁波谱中,不管是哪一个波段,其传播速度都是光速 c,波长为 $\lambda(\text{cm})$,每秒振动数称为频率 $\gamma(\text{s}^{-1})$,则

$$\lambda\gamma = c \tag{2-9}$$

电磁波谱划分为许多不同名称的波段。主要是根据它们的产生方法、传播方式、测量技术和应用范围的不同而自然划分的。红外波段又可划分为近红外、中红外、远红外三个波段。但划分的方法则因学科或技术领域不同而异。

由于大气对红外辐射的吸收,只留下三个"窗口",即 $1 \sim 3~\mu\text{m}$、$3 \sim 5~\mu\text{m}$、$8 \sim 13~\mu\text{m}$,可让红外辐射通过。因而在军事应用上,分别称这三个波段为近红外、中红外、远红外波段。$8 \sim 13~\mu\text{m}$,也称为热波段。

二、红外探测器

红外传感器一般都是由光学系统、探测器、信号处理电路、显示系统等组成。红外传感器的探测器按照工作方式可以分为主动式和被动式两类。

1. 主动式红外探测器

主动式红外探测器由红外发射机、红外接收机和报警控制器组成。分别置于收、发端的光学系统一般采用的是光学透镜,起到将红外光束聚焦成较细的平行光束的作用,以使红外光的能量能够集中传送。红外光在人眼看不见的光谱范围,有人经过这条无形的封锁线,必然全部或部分遮挡红外光束。接收端输出的电信号的强度会因此产生变化,从而启动报警控制器发出报警信号。

2. 被动式红外探测器

被动式红外探测器是探测器本身不发射任何能量而只被动接收、探测来自环境的红外辐射。在被动红外探测器上有一个热释电红外传感器,它能将波长为 $8 \sim 12~\mu\text{m}$ 之间的红外信号变化转变为电信号,并能对自然界的白光有抑制作用。在无人或动物进入探测区域时,感应器感应到的只是背景温度,当有人进入警戒区,通过菲涅尔透镜,感应器感应到的是人体温度与背景温度的差异信号。被动式红外探测器就是感应移动物体与背景物体的温度差异。

主动式红外探测器与被动式红外探测器的区别在于主动红外就是自己发出红外光,自己接收,当有物体挡住该红外光线时报警。被动红外就是自己不发光,只感应周围物体的红外光,当有移动物体进入警戒区时,原有的红外光强度改变从而报警。

三、红外传感器的应用

1. 红外入侵报警器

红外入侵报警器分为被动型和主动型两类,如图 2-30 所示。热电型红外线传感器属于被动型,如图 2-30(a)所示,在传感器顶端开设了一个装有滤光镜片的窗口,滤光片可通过的光的波长范围为 7~10 μm,正好适合于人体红外辐射的探测,而对其他波长的红外线由滤光片予以吸收,这样便形成了一种专门用作探测人体辐射的红外线传感器。一旦人侵入探测区域内,人体红外辐射通过部分镜面聚焦,并被热释电元接收,但是两片热释电元接收到的热量不同,热释电也不同,不能抵消,经信号处理而报警。

图 2-30(b)所示为主动型红外传感器,投光器和受光器将红外光束聚焦成较细的平行光束,以使红外光的能量能够集中传送。当人经过时必然全部或部分遮挡红外光束,接收端输出的电信号的强度会因此产生变化,从而启动报警控制器发出报警信号。

热释电红外传感器

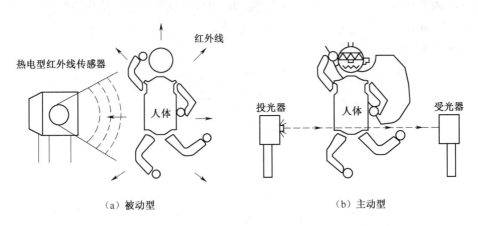

(a) 被动型   (b) 主动型

图 2-30 红外入侵报警器

2. 红外测温仪

红外测温仪由红外传感器和显示报警系统两部分组成,其外形如图 2-31(a)所示。只要被测人在指定位置站立 1 s 以上,快速检测仪就可准确测量出旅客体温。一旦受测者体温超过 38 ℃,测温仪的红灯就会闪亮,同时发出蜂鸣声提醒检查人员。

图 2-31(b)是目前最常见的红外测温仪结构图。它是光、机、电一体化的红外测温系统。图中的光学系统是一个固定焦距的透视系统,滤光片一般采用只允许 8~14 μm 的红外辐射能通过的材料。步进电机带动调制盘转动,将被测的红外辐射调制成交变的红外辐射

射线。红外探测器一般为热释电探测器,透镜的焦点落在其光敏面上。被测目标的红外通过透镜聚焦在红外探测器上,红外探测器将红外辐射转换为电信号输出。

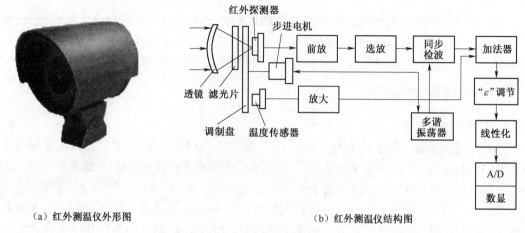

（a）红外测温仪外形图　　　　　　　　　　　（b）红外测温仪结构图

图 2-31　红外测温仪

红外温度快速检测仪为在人流量较大的公共场所降低非典的扩散和传播的快速、非接触测量手段,可广泛用于机场、海关、车站、宾馆、商场、影院、写字楼、学校等人流量较大的公共场所,对体温超过 38℃ 的人员进行有效筛选。

3. 红外无损探伤仪

红外无损探伤仪可以用来检查部件内部缺陷,对部件结构无任何损伤,其结构如图 2-32所示。利用红外辐射探伤仪能十分方便地检查漏焊或缺焊,也可以检测金属材料的内部裂缝或两块金属板的焊接质量等。

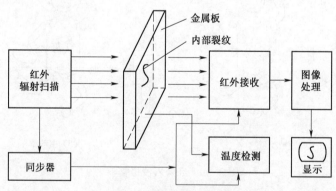

图 2-32　红外无损探伤仪结构图

任务实施

1. 红外倒车雷达的工作原理

图 2-33 所示是红外倒车雷达的电路原理图,接通 5 V 电源,红外发射管 D1 导通,发出红外光(眼睛是看不见的),如果此时没有用障碍物挡住光(用手模拟障碍物),则红外接收管D2 没有接受到红外光,红外接收管 D2 仍然处于反向截止状态。红外接收管 D2 负极的电压

仍然为高电平。

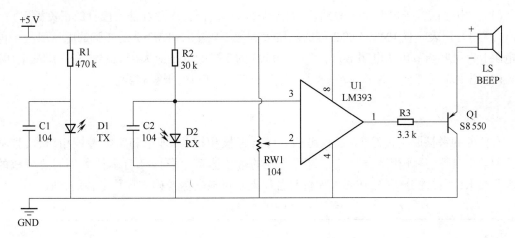

图 2-33　红外倒车雷达电路原理图

LM393 为电压比较器,根据比较器的工作原理,当 V+>V−时,LM393 的 1 脚就会输出高电平,并通过限流电阻 R3 送到三极管 Q1 基极,致使三极管 Q1 截止,蜂鸣器不发声。

LM393 及其应用

当用手靠近红外发射管 D1 时,将红外光挡住并反射到红外接收管 D2 上,红外接收管 D2 接收到红外光,立刻导通,使得红外接收管 D2 负极的电压急速下降,LM393 的 3 脚电压下降到低于 2 脚的电压,根据比较器的工作原理,V+<V−时,LM393 的 1 脚就会输出低电平,三极管 Q1 导通蜂鸣器发声。

2. 元器件清单

红外倒车雷达的元器件清单如表 2-3 所示。

表 2-3　红外倒车雷达的元器件清单

序号	元件名称	元件标识	元件型号与参数	元件数量
1	电阻	R1	470 Ω	1
2	电阻	R2	30 kΩ	1
3	电阻	R3	3.3 kΩ	1
4	电阻	RW1	104	1
5	三极管	Q1	S8550	1
6	蜂鸣器	BEEP	5 V	1
7	电容	C1、C2	104	2
8	比较器	U1	LM393	1
9	红外发射管	D1	白色	1
10	红外接收管	D2	黑色	1

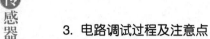
3. 电路调试过程及注意点

（1）上电之前检查电路是否短路，准确无误后上电测试（注意红外二极管的正负极性）；

（2）用万用表测量 LM393 的 2 脚的电压大概为 2 V 左右（LM393 的 2 脚的电压取决于可调电阻 R4，只要调节可调电阻 R4），测量 LM393 的 3 脚的电压应大于 LM358 的 2 脚的电压；

（3）用手靠近红外二极管，蜂鸣器报警，离开红外二极管，报警解除。

任务评价

本任务的考核原则仍然为"过程考核和综合考核相结合，理论和实际考核相结合，教师评价和学生自评、互评相结合"，实行过程监控的考核体系。表 2-4 有本任务中需要考核的内容及要求、所占的分值等，在具体评价时各位老师可根据需要确定评价考核的方式。

表 2-4 红外倒车雷达评价表

考核项目	考核内容及要求	分值	学生自评	小组评分	教师评分
学习内容掌握情况	1）能正确识别红外发射二极管、红外接收二极管、电阻器及电容器等电子元件； 2）能分析、选择、正确使用上述元件； 3）能分析电路工作原理	25			
电路制作	1）能详细列出元件、工具、耗材及使用仪器仪表清单； 2）能制定详细的实施流程与电路调试步骤； 3）电路板设计制作合理，元器件布局合理，焊接规范； 4）能正确使用仪器仪表	25			
电路调试	1）能正确调试红外倒车雷达； 2）能正确判断电路故障原因并及时排除故障	15			
项目报告书完成情况	1）语言表达准确、逻辑性强； 2）格式标准，内容充实、完整； 3）有详细的项目分析、制作调试过程及数据记录	15			
职业素养	1）学习、工作积极主动，遵时守纪； 2）团结协作精神好； 3）踏实勤奋、严谨求实	10			
安全文明操作	1）严格遵守操作规程； 2）安全操作，无事故	10			
总分					

项目总结

本项目我们完成了光控开关和红外倒车雷达的制作与调试。光控开关是采用光敏电阻随着光照强度变化改变电阻大小的特性，达到了电灯自动开关的效果。红外倒车雷达利用红外发射和接收管的工作原理，结合蜂鸣器，检测障碍物发出报警声。本项目中电路板的调试是一个难点,在调试过程中一定要关注调试的注意点,细心仔细完成调试。

习题与拓展训练

1. 光电效应有哪几种?与之对应的光电元件各有哪些?
2. 半导体内光电效应与入射光频率的关系是什么?
3. 试画出半导体光电元件光敏二极管、三极管的测量电路。
4. 什么是光电元件的光谱特性?
5. 光电传感器由哪些部分组成?被测量可以影响光电传感器的哪些部分?

项目三

力学量传感器的应用

项目描述

力传感器是将力的量值转换为相关电信号的器件。力是引起物质运动变化的直接原因。力传感器能检测张力、拉力、压力、重量、扭矩、内应力和应变等力学量。具体的器件有金属应变片、压力传感器等,在动力设备、工程机械、各类工作母机和工业自动化系统中,成为不可缺少的核心部件。力传感器在我们生活中也随处可见,比如称重的电子秤,煤气灶的点火系统中都用到了力传感器。

知识目标

1. 了解弹性敏感元件的作用和特性。
2. 熟悉电阻应变片的主要特性、结构、类型等,熟悉压电材料的特性。
3. 掌握压力的基本概念,掌握应变效应、压电效应的概念。
4. 理解应变效应、压电效应的原理。
5. 能够分析利用电阻应变片构成的电桥电路工作原理。
6. 能够分析压电传感器组成的检测系统工作原理。

技能目标

1. 能够选择合适的元器件制作电子秤并完成其电路调试。
2. 能够选择合适的元器件制作振动式防盗报警器并完成其电路调试。

任务一 电子秤的制作与调试

任务要求

利用应变片传感器设计制作一电子秤,电子秤显示数值与重物的重量成一定比例关系,要求选择合适的元器件,在万通板上完成焊接,并进行调试。

知识储备

一、初识力传感器

力传感器是将力的量值转换为相关电信号的器件。力是引起物质运动变化的直接原因。力传感器能检测张力、拉力、压力、重量、扭矩、内应力和应变等力学量。力敏传感器品种规格繁多,可以按不同的方法进行分类。

按被测量分有力传感器(荷重传感器、拉力传感器等),压力传感器(表压传感器、密封压力传感器等),差压传感器,液位传感器。

按工作原理分有应变式力敏传感器,压阻式力敏传感器,压电式力敏传感器,电容式力敏传感器,电感式力敏传感器。

应用最为广泛的是电阻应变式传感器,它是通过弹性敏感元件将外部的应变力转换成应变 ε,再根据电阻应变效应,由电阻应变片将应变转换成电阻值的微小变换,通过测量电路转换成电量输出,其结构如图 3-1 所示。

图 3-1　电阻应变式传感器工作原理

电阻应变式传感器的种类很多,其外形如图 3-2 所示,它们都具有较低的价格和比较高的精度和线性度。

（a）箔式压力　　　（b）柱式　　　（c）悬臂梁式　　　（d）桥式　　　（e）轮辐式　　　（f）S 型拉压式

图 3-2　电阻应变式传感器的外形图

①金属箔式压力传感器:采用了箔式应变片贴在合金钢做的弹性体上,具有精度高、温度特性好等特点。适用于电子皮带秤、配料秤等场所。

②柱式传感器:将箔式应变片贴在合金钢制作的圆柱弹性体中段较细的部位。这类传感器结构简单,加工容易,可拉、可压或拉压两用,可承受很大的负载,具有长期稳定性好、密封性好、灵敏度和精度较低等特点。适用于地中衡、料斗秤、汽车衡、轨道衡等场所。

③悬臂梁式传感器:将箔式应变片贴在合金钢制作的弹性体的上下两面,弹性体一端固定、一端加载,拉、压均可。具有精度高、密封性好、易安装等特点。适用于电子秤、料斗秤等小量程的称重场合。

④桥式传感器:采用了箔式应变片贴在合金钢弹性体上,具有精度高、长期稳定性好、密封性能好、抗侧向力和抗偏载能力强等特点。适用于各种汽车衡、轨道衡、料斗秤等场所。

⑤轮辐式传感器:承载连接采用钢球或 SR 球面结构。有较好的自动复位能力,有良好的抗侧抗偏载能力;高精度高灵敏,适用于汽车秤、平台秤、料斗秤、轨道衡等电子衡器。

⑥S 型拉压式传感器:采用 S 型结构,由于其载荷的作用点和支撑点在同一轴线上,因此它的受力稳定,称重时,利用其弯曲变形,产生信号。这种传感器拉压均可使用,应用于高湿度环境,具有优越的抗扭、抗侧、抗偏载能力,输出对称性好,精度高、结构紧凑等特点。适用于配料秤、料斗秤、机电结合秤、吊钩秤等场所。

二、弹性敏感元件

物体在外力作用下改变原来尺寸或形状的现象称为变形。若外力去掉后物体又能完全恢复其原来的尺寸或形状,这种变形称为弹性变形。具有弹性变形特性的物体称为弹性元件。根据弹性元件在传感器中的作用,可以分为两种类型:弹性敏感元件和弹性支承。弹性敏感元件感受力、力矩、压力等被测参数,并通过它将被测量变换为应变、位移等,也就是通过它把被测参数由一种物理状态转换为另一种所需要的物理状态。

1. 弹性敏感元件的弹性特性

作用在弹性敏感元件上的外力与由该外力所引起的相应变形(应变、位移或转角)之间的关系称为弹性元件的弹性特性。

(1)刚度

刚度是弹性敏感元件在外力作用下抵抗变形的能力。一般用 K 表示, $K = \dfrac{\mathrm{d}F}{\mathrm{d}x}$,如图 3-3 所示。

(2)灵敏度

灵敏度就是弹性敏感元件在单位力作用下产生变形的大小。它是刚度的倒数。用 S 表示, $S = \dfrac{1}{K} = \dfrac{\mathrm{d}x}{\mathrm{d}F}$ 。刚度和灵敏度表示弹性元件的软硬程度。元件越硬,刚度越大,单位力作用下变形越小,灵敏度越小。当刚度和灵敏度为一个常数时,作用力 F 与变形 X 成线性关系,这种元件称为线性弹性元件。

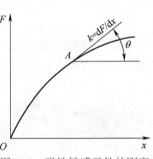

图 3-3　弹性敏感元件的刚度

(3)弹性滞后

实际的弹性元件在加、卸载的正、反行程中变形曲线是不重合的,这种现象称为弹性滞后现象,如图 3-4 所示。曲线 1 为加载曲线,曲线 2 为卸载曲线,曲线 1、2 所包围的范围为滞环。

(4)弹性后效

弹性敏感元件所加载荷改变后,不是立即完成相应的变形,而是在一定时间间隔中逐渐完成变形的现象称为弹性后效现象。如图 3-5 所示。当作用在弹性敏感元件上的力由零快速到 F_0 时,弹性敏感元件的变形首先由零迅速增加至 x_1 ,然后在载荷未改变的情况下继续变形直到 x_0 为止。由于弹性后效现象的存在,弹性敏元件的变形始母不能迅速地跟上力的改变。

(5)固有振动频率

弹性敏感元件的动态特性与它的固有振动频率 f_0 有很大的关系,固有振动频率通常由实验测得。传感器的工作频率应避开弹性敏感元件的固有振动频率。

2. 弹性敏感元件的基本要求

①具有良好的机械特性(强度高、抗冲击、韧性好、疲劳强度高等)和良好的机械加工及热处理性能。

②良好的弹性特性(弹性极限高、弹性滞后和弹性后效小等)。

③弹性模量的温度系数小且稳定,材料的线膨胀系数小且稳定。

④抗氧化性和抗腐蚀性等化学性能良好。

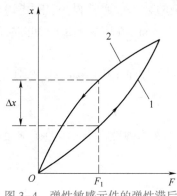

图3-4 弹性敏感元件的弹性滞后

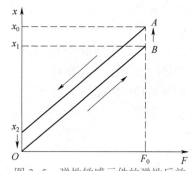

图3-5 弹性敏感元件的弹性后效

3. 弹性敏感元件的类型

弹性敏感元件在传感器技术中占有极其重要的地位,它首先把力、力矩或压力转换成相对应的应变或位移,然后结合各种形式的传感元件,将被测量的力、力矩等非电量转换成电量。根据弹性元件输入量的不同,可以分为两类。

(1)变换力的弹性敏感元件

所谓变换力的弹性敏感元件是指输入量为力 F,输出量为应变或位移的弹性敏感元件。常用的变换力的弹性敏感元件有实心轴、空心轴、等截面圆环、变截面圆环、悬臂梁、扭转轴等。

(2)变换压力弹性元件

所谓变换压力弹性元件是指把压力变换成应变或位移的弹性敏感元件。常用的有弹簧管、波纹管、等截面薄板波纹膜片和膜盒、薄壁圆筒和薄壁半球等。

三、电阻应变式传感器

1. 应变效应与应变片

电阻应变片是能将被测试件的应变量转换成电阻变化量的敏感元件。它是基于电阻应变效应而制成的。

(1)电阻应变效应

①应变片工作原理。

应变效应

导体、半导体材料在外力作用下发生机械形变,导致其电阻值发生变化的物理现象称为电阻应变效应。实验证明,电阻丝及应变片的电阻相对变化量 $\dfrac{\Delta R}{R}$ 与材料力学中的轴向应变 ε_x 的关系在很大范围内是线性的,即

应变片受力
变形过程

$$\frac{\Delta R}{R} = K\varepsilon_x \begin{cases} \varepsilon_x = \dfrac{\Delta l}{l} \\ K = 1 + 2u + \dfrac{\Delta \rho}{\rho} \Big/ \dfrac{\Delta l}{l} \end{cases} \tag{3-1}$$

式中:K 为电阻应变片的灵敏度;ε_x 为金属丝的轴向应变量;ρ 为电阻丝的电导率。

②微应变。

在材料力学中,ε_x 称为电阻丝的应变,是量纲为 1 的数。ε_x 通常很小,常用 10^{-6} 表示。如,当 ε_x 为 0.000 001 时,在工程中常表示为 1×10^{-6} 或 $\mu m/m$。在应变测量中,也常将之称为微应变($u\varepsilon$)。

金属材料受力之后所产生的应变最好不要大于 1×10^{-3},即 1 000 $\mu m/m$,否则有可能超过材料的极限强度而导致断裂。

③应变片用于测量力 F 的计算公式。

材料力学中,$\varepsilon_x = F/(AE)$,A 为应变片的横截面积,E 为弹性模量,均已知,则 $\Delta R/R$ 可表示为:

$$\frac{\Delta R}{R} = K\frac{F}{AE}（灵敏度 K 已知） \tag{3-2}$$

则只要设法测出 $\Delta R/R$ 的数值,即可获知力 F 的大小。

(2)电阻应变片的结构和类型

①应变片基本结构。

电阻应变片由敏感栅、基片、覆盖层和引线等部分组成。其中,敏感栅是应变片的核心部分,它是用直径约为 0.025 mm 的具有高电阻率的电阻丝制成的,为了获得高的电阻值,电阻丝排列成栅网状,故称为敏感栅。将敏感栅粘贴在绝缘的基片上,两端焊接引出导线,其上再粘贴上保护用的覆盖层,即可构成电阻丝应变片,如图 3-6 所示。

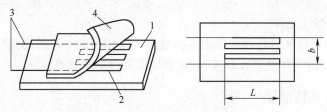

图 3-6　电阻丝应变片的基本结构

1—基底;2—敏感栅;3—引线;4—覆盖层。

②应变片的类型。

应变片主要有金属应变片和半导体应变片,其中金属应变片有丝式、箔式、薄膜式三种,其结构和特点如表 3-1 所示。

表 3-1　各种金属电阻应变片的特点及适用环境

种类	外形	结构	特点	适用环境
丝式	电阻丝　绝缘基底　覆盖层	将金属丝按一定形状弯曲后用粘合剂粘在衬底上,再用覆盖层保护,形成应变片	结构简单,价格低,强度高,电阻阻值较小,一般为 120 ~ 360,允许通过的电流较小,测量精度较低	适用于测量要求不高的场合

种类	外形	结构	特点	适用环境
箔式	金属箔	将厚度在0.003～0.01 mm的箔材通过光刻、腐蚀等工艺制成敏感栅,形成应变片	与丝式应变片相比,面积大,散热性好,允许通过较大的电流。灵敏度较高	可以根据需要制成任意形状,适合批量生产
薄膜式	薄膜电阻	采用真空蒸镀的方法,在薄的绝缘基底材料上制成一层金属薄膜,通过光刻、腐蚀等工艺形成应变片	灵敏度较高,电阻阻值较大,一般为1～1.8 kΩ,允许通过的电流较大,工作温度范围较广,测量精度高	电阻丝长度可以较长,应变电阻较大,适合批量生产

（3）应变片的粘贴技术

应变片的粘贴是传感器制作的重要环节,应变片的粘贴质量直接影响数据测量的准确性。为制作符合产品质量要求的传感器,规定应变片粘贴的方法和步骤如下:

①应变片粘贴前的准备工作。

a. 应保证所粘贴的平面光滑、无划伤,面积应大于应变片的面积。

b. 应变片应平整、无折痕,不能用手和不干净的物体接触应变片的底面。

c. 粘贴所使用物品有:试件、电阻应变片、数字万用表、台钳、镊子、专用夹具、热风机、烙铁、焊锡丝、棉签、应变计粘贴剂、丙酮、无水酒精、704硅胶。

d. 将台钳固定到桌子上,把试件用台钳夹紧。

②粘贴步骤。

应变片粘贴的工序主要包括:试件的表面处理,应变片的粘贴、干燥,导线的焊接和固定,应变片的防潮处理和质量检验。

a. 试件的表面处理。

用沾有无水酒精和丙酮的棉签反复擦拭贴片部位,直至棉签不再变黑为止,确保贴片部位清洁。

b. 应变片的粘贴。

在贴片部位和应变片的底面上均匀的涂上薄薄一层应变计粘贴剂。待粘贴剂变稠后,用镊子轻轻夹住应变片的两边,贴在试件的贴片部位。

在应变片上覆盖一层聚氯乙烯薄膜,用手指顺着应变片的长度方向用力挤压,挤出应变片下面的气泡和多余的胶水。用手指压紧,直到应变片与试件紧密粘合为止。松开手指,使用专用夹具将应变片和试件夹紧。注意按住时不要使应变片移动,轻轻掀开薄膜检查有无气泡、翘起、脱胶等现象,否则需重贴。注意粘贴剂不要用得过多或过少,过多则胶层太厚影响应变片性能,过少则粘结不牢不能准确传递应变。

项目 三 力学量传感器的应用

c. 应变片的干燥。

应变片粘贴好后应有足够的粘结强度以保证与试件共同变形。此外,应变计和试件间应有一定的绝缘度,以保证应变读数的稳定。因此,在贴好片后就需要进行干燥处理,用热风机进行加热干燥,烘烤 4 个小时,烘烤时应适当控制距离和温度,防止温度过高烧坏应变片。

d. 导线的焊接和固定。

将引出线焊接在应变片的接线端。在应变片引出线下,贴上胶带纸,以免应变计引出线与被测试件接触造成短路。焊接时注意防止假焊,焊完后用万用表在导线另一端检查是否接通。

为防止在导线被拉动时应变片引出线被拉坏,应使用接线端子。用胶水把接线端子粘在应变片引出线的前端,然后把应变片的引出线和输出导线分别焊接到接线端子两端,以保护应变片。

e. 应变片的防潮处理。

为避免胶层吸收空气中的水分而降低绝缘电阻值,应在应变片接好线后,立即对应变计进行防潮处理。防潮处理应根据要求和环境采用相应的防潮材料。常用的的防潮剂可用 704 硅胶,将 704 硅胶均匀的涂在应变片和引出线上。

③应变片的质量检验。

a. 用目测或放大镜检查应变片是否粘牢固,有无气泡、翘起等现象。

b. 用万用表检查电阻值,阻值应和应变片的标称阻值相差不大于 1 Ω。

2. 测量转换电路

(1)测量转换电路

应变片的机械应变一般在 $10\ \mu\varepsilon \sim 3\ 000\ \mu\varepsilon$ 之间,而应变灵敏度 K 值较小,因此电阻相对变化是很小的,用一般的测量电阻的仪表是很难直接测出来的,必须用专门的测量电路来测量这种微弱的变化。这样的测量电路最常见的有直流电桥和交流电桥。我们以直流电桥为例简要介绍其工作原理和相关特性。

如图 3-7 所示,直流电桥电路的 4 个桥臂是由 R_1、R_2、R_3、R_4 组成,其中 a、c 两端接直流电压 U_i,而 b、d 两端为输出端,其输出电压为 U_o。

$$U_o = \frac{R_1 R_3 - R_2 R_4}{(R_1 + R_2)(R_3 + R_4)} U_i \qquad (3\text{-}3)$$

根据可变电阻在电桥电路中的分布方式,电桥的工作方式有 3 种类型。

①单臂电桥。

电桥电路中只有一个应变片接入,工作时,其余 3 个桥臂电阻的阻值没有变化,如图 3-8(a)所示。当 $\Delta R_1 << R_1$ 时,设 $R_1 = R_2 = R_3 = R_4 = R$,$\Delta R_1 = \Delta R$,电桥的输出电压为:

$$U_o = \frac{U_i}{4} \frac{\Delta R}{R}$$

(3-4)

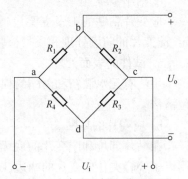

图 3-7 直流电桥电路原理图

此时灵敏度为 $K = \dfrac{U_i}{4}$。

②双臂电桥(半桥)。

电桥电路中相邻桥臂接入两个应变片,工作时一个受拉,一个受压,如图3-8(b)所示。R_1、R_2 为应变片,若 $R_1 = R_2 = R_3 = R_4 = R$,$\Delta R_1 = \Delta R_2 = \Delta R$,电桥的输出电压为:

$$U_o = \frac{U_i}{2} \frac{\Delta R}{R} \tag{3-5}$$

此时灵敏度为 $K = \dfrac{U_i}{2}$,双臂电桥无非线性误差,比单臂桥电压灵敏度提高一倍,同时具有温度补偿作用。

③四臂电桥(全桥)。

将电桥4臂都接入应变片,2个受拉,2个受压,将2个应变符号相同的接入相对桥臂上,构成全桥差动电路,电桥的4个桥臂的电阻值都发生了变化,图3-8(c)电桥的输出电压为:

$$U_o = U_i \frac{\Delta R}{R} \tag{3-6}$$

此时灵敏度为 $K = U_i$。

此时的全桥差动电路不仅没有非线性误差,而且灵敏度是单臂的4倍,同时具有温度补偿作用。

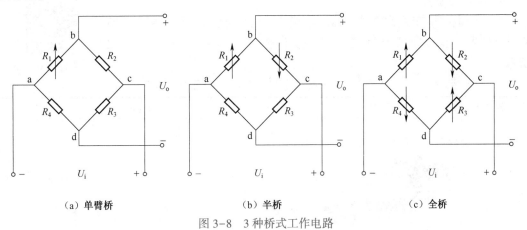

(a)单臂桥　　　　　　　　(b)半桥　　　　　　　　(c)全桥

图3-8　3种桥式工作电路

(2)电桥的线路补偿

①零点补偿。在无应变的状态下,要求电桥的4个桥臂电阻值相同是不可能的,这样就是电桥不能满足初始平衡条件($U_o = 0$)。为了解决这一问题,可以在电桥中接入可调电阻 R_p,如图3-9所示。要使电桥满足平衡的条件:$R_1/R_2 = R_4/R_3$,可以调节 R_p,最终可以使 $R_1/R_2 = R_4/R_3$(R_1、R_2 是 R_1、R_2 并联 R_p 后的等效电阻),电桥趋于平衡,U_o 被预调到零位,这一过程称为调零。图中的 R_5 是用于减小调节范围的限流电阻。

②温度补偿。电阻应变片产生温度误差的 原因:当测量现场环境温度变化时,由于敏感栅温度系数及栅丝与试件膨胀系数的差异性给测量带来附加误差。电阻应变片的温度补偿方法:通常有线路补偿法和应变片自补偿两大类。

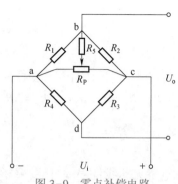

图 3-9 零点补偿电路

a. 当环境温度升高时,桥臂上的应变片温度同时升高,温度引起的电阻值漂移数值一致,可以相互抵消,所以全桥的温漂较小;半桥也同样能克服温漂。

b. 应变片的自补偿法是利用自身具有温度补偿作用的应变片。

四、电阻应变式传感器的应用

应变式传感器是基于测量物体受力变形所产生的应变的一种传感器。电阻应变片则是其最常采用的传感元件。它是一种能将机械构件上应变的变化转换为电阻变化的传感元件。应变式传感器主要用于测量力、力矩、压力、加速度、重量等。

1. 称重传感器

常见的电阻应变式称重传感器有悬梁臂电阻应变式称重传感器、S 型称重传感器、轮辐式称重传感器、柱式称重传感器,其应用及特点如表 3-2 所示。

悬梁臂应变演示

表 3-2 常见电阻应变式称重传感器应用及特点

名称	外形图	特点及应用
悬梁臂电阻应变式称重传感器		悬梁臂电阻应变式称重传感器具有结构合理,准确度高、安装方便等特点。适用于多种电子计价秤、电子台秤,也可用于自动检测和控制方面,可承受微小量程的载荷(数百克~100 kg)
S 型称重传感器		S 型称重传感器力作用点变化对输出影响较小,测量精度高,可达 0.02%。可承受小量程的载荷(5 kg~5 t)。

名称	外形图	特点及应用
轮辐式称重传感器		轮辐式称重传感器结构简单、坚固,具有线形度好,过载能力很强、抗侧向力和偏载能力强、重心低、便于安装等特点。适用于汽车衡、台秤、地中衡、工业称重系统,可承受载荷量程为 5~50 t。
柱式称重传感器		柱式称重传感器结构简单紧凑、易于加工,可设计成压式、拉式,或压、拉两用式,适用于大型平台秤、汽车衡、轨道衡等,可承受很大的载荷(1~500 t)。

2. 压力传感器

应变式压力传感器是一种传感装置,是利用弹性敏感元件和应变计将被测压力转换为相应电阻值变化的压力传感器,按弹性敏感元件结构的不同,应变式压力传感器大致可分为应变筒式、膜片式、应变梁式和组合式 4 种。一般用于测量较大的压力,广泛应用于测量管道内部压力、内燃机燃气的压力、压差和喷射压力、发动机和导弹试验中的脉动压力,以及各种领域中的流体压力等。如图 3-10 为筒式压力传感器。

进气歧管压力传感器

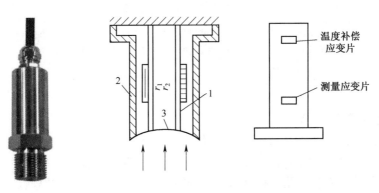

(a)外形图　　　　　(b)结构示意图　　　　(c)应变片

图 3-10　筒式压力传感器
1—应变筒;2—外壳;3—密封膜片。

应变筒式压力传感器,它的弹性敏感元件为一端封闭的薄壁圆筒,其另一端带有法兰与被测系统连接。在筒壁上贴有 2 片或 4 片应变片,其中一半贴在实心部分作为温度补偿片,另一半作为测量应变片。当没有压力时 4 片应变片组成平衡的全桥式电路;当压力作用于内腔时,圆筒变形成"腰鼓形",使电桥失去平衡,输出与压力成一定关系的电压。这种传感器还可以利用活塞将被测压力转换为力传递到应变筒上或通过垂链形状的膜片传递被测压力。应变筒式压力传感器的结构简单、制造方便、适用性强,在火箭弹、炮弹和火炮的动态压力测量方面有广泛应用。

3. 加速度传感器

如图 3-11 所示为应变式加速度传感器的结构图,在应变梁 2 的一端固定惯性质量块 1,梁的上下粘贴应变片 4,传感器内腔充满硅油,用来产生必要的阻尼。测量时,将传感器的壳体与被测对象刚性连接,当被测物体以加速度 a 运动时,质量块受到一个与加速度方向相反的惯性力作用,悬臂梁在惯性力作用下产生弯曲变形,该变形被粘贴在悬臂梁上的应变片感受到并随之产生应变,从而使应变片的电阻值发生变化.悬臂梁的应变在一定的频率范围内与质量块的加速度成正比,通过测量质量块悬臂梁的应变,便可知加速度的大小。

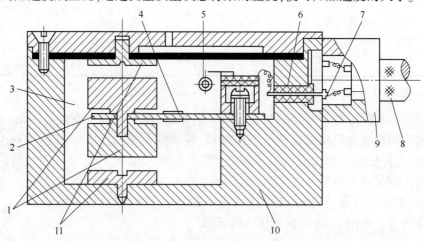

图 3-11　应变式加速度传感器

1—质量块;2—应变梁;3—硅油阻尼液;4—应变片;5—温度补偿电阻;
6—绝缘套管;7—接线柱;8—电缆;9—压线板;10—壳体;11—保护块。

任务实施

1. 数显电子秤工作原理

数显电子秤原理图如图 3-12 所示,采用应变式传感器(应变传感器实验模块图 3-12(b)所示,提供电路无须焊接)构成简易电子秤,应变片接在电桥电路中,构成单臂桥电路。在外力(砝码模拟重物)作用下应变片弹性形变使得电阻值发生变化,通过测量电桥转换为电压的变化,然后将模拟电信号通过 ICL7107 集成芯片(三位半双积分型 A/D 转换器)转换为数字信号,直接驱动共阳数码管,最终在数码管上显示出与重力成一定比例关系的数据。

3 位半数字表头
芯片 ICL7107

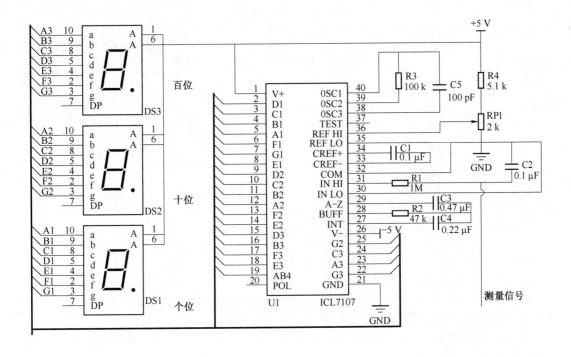

（a）电子秤数显部分

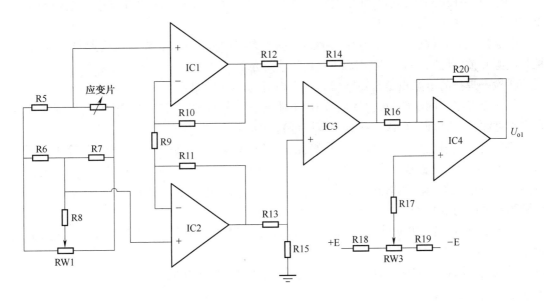

（b）应变片传感器模块部分

图 3-12　数显电子秤原理图

2. 元器件清单

数显电子秤的元器件清单如表 3-3 所示。

表 3-3　数显电子秤的元器件清单

序号	元件名称	元件标识	元件型号与参数	元件数量
1	电阻	R1	1 MΩ	1
2	电阻	R2	47 kΩ	1
3	电阻	R3	100 kΩ	1
4	电阻	R4	5.1 kΩ	1
5	电容	C1,C2	104	2
6	电容	C3	474	1
7	电容	C4	224	1
8	电容	C5	103	1
9	电阻器	RP1	202	1
10	数码管	DS1,DS2,DS3	5611BS	3
11	集成芯片	U1	ICL7107	1

3. 电路调试过程及注意点

①差动放大器调零。从主控台接入 ±15 V 电源,检查无误后,合上主控台电源开关,将差动放大器的输入端短接并与地短接,输出端 U_{o1} 接直流电压表(选择 2 V 挡)。将电调节电位器 RW3 使电压表显示为 0 V。关闭主控台电源。(RW3 的位置确定后不能改动)

②按图 3-12(b)连线,将应变式传感器的其中一个应变电阻(如 R1)接入电桥与 R5、R6、R7 构成一个单臂直流电桥。

③加托盘后电桥调零。电桥输出接到差动放大器的输入端 Ui,检查接线无误后,合上主控台电源开关,预热 5 min,调节 RW1 使电压表显示为零。

④检查焊接的电路板是否短路、漏焊、虚焊情况,及时更正。

⑤接上焊接好的电路板,再次调节 RW1 使数码管显示为零(理想状态为零,但现实硬件存在温度漂移,所以调整 RW1 接近于零即可)。

⑥这时在托盘上加一个 20 g 的砝码,如果数码管显示为 20 左右的值则不需任何调整(注意托盘放置的位置是否为应变片的正中心,并且砝码也要放在托盘的正中心,否则会影响显示的数据),如果数码管显示不在 20 左右,则调整焊接电路板上的滑动变阻器 RP1(RP1 为数据校准电阻器)。

⑦重复拿取放置 20 g 砝码,观察示数是否在一定的波动范围内,如果不在,继续上述调整。

⑧以上步骤调整完毕,即可继续增加砝码,同时注意砝码摆放位置。

任务评价

本任务的考核原则仍然通过“过程考核和综合考核相结合,理论和实际考核相结合,教师评价和学生自评、互评相结合”的原则,实行过程监控的考核体系。表 3-4 有本任务中需要考核的内容及要求、所占的分值等,在具体评价时各位老师可根据需要确定评价考核的方式。

表 3-4　数显电子秤的评价表

考核项目	考核内容及要求	分值	学生自评	小组评分	教师评分
学习内容掌握情况	1)能正确识别应变片、液晶、集成运放、二极管、三极管、电阻及电容等电子元器件； 2)能分析、选择、正确使用上述元器件； 3)能分析电子秤工作原理	25			
电路制作	1)能详细列出元件、工具、耗材及使用仪器仪表清单； 2)能制定详细的实施流程与安装调试步骤； 3)电路板设计制作合理，元器件布局合理，焊接规范； 4)能正确使用仪器仪表	25			
电路调试	1)能对电子秤进行调零、校准等调试； 2)能正确判断电路故障原因并及时排除故障	15			
项目报告书完成情况	1)语言表达准确、逻辑性强； 2)格式标准，内容充实、完整； 3)有详细的项目分析、制作调试过程及数据记录	15			
职业素养	1)学习、工作积极主动，遵时守纪； 2)团结协作精神好； 3)踏实勤奋、严谨求实	10			
安全文明操作	1)严格遵守操作规程； 2)安全操作，无事故	10			
总　分					

任务二　振动式防盗报警器的制作与调试

任务要求

　　利用压电陶瓷设计制作一振动式防盗报警器,当有物体经过产生振动时,报警器 LED 灯点亮,蜂鸣器发出 2 min 左右的声响用来提醒有人闯入,起到防盗的效果,要求选择合适的元器件,在万通板上完成焊接,并进行调试。

知识储备

　　压电式传感器是基于压电效应的传感器。是一种自发电式和机电转换式传感器。它的敏感元件由压电材料制成。压电材料受力后表面产生电荷。此电荷经电荷放大器和测量电路放大和变换阻抗后就成为正比于所受外力的电量输出。压电式传感器用于测量力和能变换为力的非电物理量,具有频带宽、灵敏度高、信噪比高、结构简单、工作可靠和重量轻等特点,在各种动态力、机械冲击和振动的测量等方面得到了非常广泛的应用 。

一、压电效应

某些电介质物质沿一定方向受外力作用时,不仅几何尺寸会发生变化,而且内部会被极化,表面产生电荷;当外力去掉时,又重新回到原来的状态,这种现象称为正压电效应。相反,当在电介质极化方向施加电场,这些电介质也会产生机械形变或机械应力,这种现象称为逆压电效应(电致伸缩效应),压电效应的可逆性如图 3-13 所示。

压电效应

图 3-13　压电效应的可逆性

二、压电材料

具有压电效应的物质有很多,比如石英晶体、压电陶瓷、高分子压电材料等。

1. 石英晶体

石英晶体是一种应用广泛的压电晶体。它是二氧化硅单晶体,属于六角晶系,它的外形图如图 3-14(a)所示。石英晶体有三个晶轴:X 轴、Y 轴和 Z 轴,如图 3-14(b)所示。光轴:纵向轴 Z。电轴(X 轴):经过正六面体棱线,并且垂直于光轴。机械轴(Y 轴):与 X 轴和 Z 轴同时垂直。

从晶体上沿着 X、Y、Z 轴切下的一片平行六面体的薄片称为晶体切片。它的六面分别垂直于光轴、电轴和机械轴。通常把垂直于 X 轴的上下两个面称为 X 面,把垂直于 Y 轴的面称为 Y 面,如图 3-14(c)所示。沿着不同方向施加压力会产生电荷,沿电轴(X 轴)方向的力作用下产生电荷的现象称为纵向压电效应。沿机械轴(Y 轴)方向的力作用下产生电荷的现象称为横向压电效应。

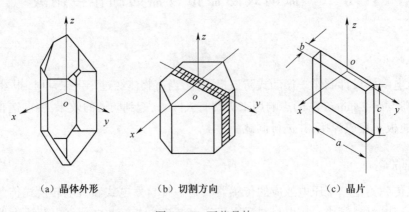

(a) 晶体外形　　　　　(b) 切割方向　　　　　(c) 晶片

图 3-14　石英晶体

石英晶体的压电效应与其内部结构有关,产生极化现象的机理可以用图 3-15 表示。石英晶体的化学式为 SiO_2,它的每个晶胞中有三个硅离子和六个氧离子,一个硅离子和两个氧离子交替排列,沿光轴看去,可以等效地认为是一个正六边形排列,如图 3-13 所示。

在无外力的作用下,硅离子所带的正电荷和氧离子所带的负电荷重合,整个晶胞不带电,如图 3-15(a)所示。

当晶体沿着 X 轴或 Y 轴施加压力时,晶格产生变形,硅离子的正电荷重心和氧离子的负电荷中心发生移动,在 X 面的上下表面产生正负电荷,如图 3-15(b)、(c)所示。

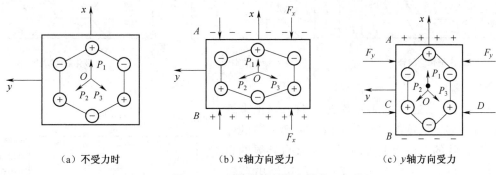

| (a) 不受力时 | (b) x 轴方向受力 | (c) y 轴方向受力 |

图 3-15 石英晶体的压电效应

当沿电轴方向加作用力 F_x 时,则在与电轴垂直的平面上产生电荷:

$$Q_x = d_{11}F_x \qquad (3-7)$$

作用力是沿着机械轴方向电荷仍在与 X 轴垂直的平面:

$$Q_x = d_{12}\frac{a}{b}F_y = -d_{11}\frac{a}{b}F_y \qquad (3-8)$$

石英晶体压电效应的具有以下特点:

①无论是正或逆压电效应,其作用力(或应变)与电荷(或电场强度)之间呈线性关系;

②晶体在哪个方向上有正压电效应,则在此方向上一定存在逆压电效应;

③石英晶体不是在任何方向都存在压电效应的。

2. 压电陶瓷

压电陶瓷是一种能够将机械能和电能互相转换的信息功能陶瓷材料,压电陶瓷除具有压电性外,还具有介电性、弹性等,已被广泛应用于医学成像、声传感器、声换能器、超声马达等。压电陶瓷利用其材料在机械应力作用下,引起内部正负电荷中心相对位移而发生极化,导致材料两端表面出现符号相反的束缚电荷即压电效应而制作,具有敏感的特性,压电陶瓷主要用于制造超声换能器、水声换能器、电声换能器、陶瓷滤波器、陶瓷变压器、陶瓷鉴频器、高压发生器、红外探测器、声表面波器件、电光器件、引燃引爆装置和压电陀螺等,除了用于高科技领域,它更多的是在日常生活中为人们服务。

(1)压电陶瓷的结构

压电陶瓷是人工制造的多晶压电材料,它比石英晶体的压电灵敏度高得多,而制造成本却较低,因此目前国内外生产的压电元件绝大多数都采用压电陶瓷。常用的压电陶瓷材料有锆钛酸铅系列压电陶瓷(PZT)及非铅系压电陶瓷(如 $BaTiO_3$ 等)。

构成其主要成分的晶相都是具有铁电性的晶粒,由于陶瓷是晶粒随机取向的多晶聚集体,因此其中各个铁电晶粒的自发极化矢量也是混乱取向的,如图 3-16 所示。为了使陶瓷能表现出宏观的压电特性,就必须将其置于强直流电场下进行极化处理,以使原来混乱取向的各自发极化矢量沿电场方向择优取向。经过极化处理后的压电陶瓷,在电场取消之后,会保留一定的宏观剩余极化强度,从而使陶瓷具有了一定的压电性质。

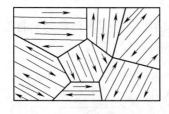
（a）未极化的陶瓷

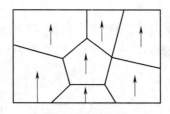
（b）正在极化的陶瓷

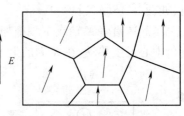
（c）极化后的陶瓷

图 3-16　压电陶瓷的极化

经过极化了的压电陶瓷片的一端出现正束缚电荷,另一端出现负束缚电荷。由于束缚电荷的作用,在陶瓷片的电极面上吸附了一层来自外界的自由电荷。这些自由电荷与陶瓷片内的束缚电荷符号相反而数量相等,它起着屏蔽和抵消陶瓷片内极化强度对外界的作用,如图 3-17 所示。

图 3-17　极化后的压电陶瓷

（2）压电陶瓷的压电效应

压电陶瓷片上加一个与极化反向平行的外力,陶瓷片将产生压缩变形,原来吸附在极板上的自由电荷,一部分被释放而出现放电现象。

当压力撤消后,陶瓷片恢复原状,片内的正、负电荷之间的距离变大,极化强度也变大,因此电极上又吸附部分自由电荷而出现充电现象。

放电电荷的多少与外力的大小成比例关系。

$$Q = d_{zz} \times F \tag{3-9}$$

3. 压电材料的特性

①转换性能。要求具有较大压电常数。

②机械性能。压电元件作为受力元件,希望它的机械强度高、刚度大,以期获得宽的线性范围和高的固有振动频率。

③电性能。希望具有高电阻率和大介电常数,以减弱外部分布电容的影响并获得良好的低频特性。

④环境适应性强。温度和湿度稳定性要好,要求具有较高的居里点,获得较宽的工作温度范围。

⑤时间稳定性。要求压电性能不随时间变化。

三、压电式传感器测量电路

1. 压电式传感器的等效电路

由压电元件的工作原理可知,压电式传感器可以看作一个电荷发生器。同时,它也是一

个电容器，晶体上聚集正负电荷的两表面相当于电容的两个极板，极板间物质等效于一种介质，则其电容量为

$$C_a = \frac{\varepsilon_r \varepsilon_0 A}{d} \tag{3-10}$$

式中：

A——压电元件的电极面面积为压电元件的厚度 。

d——压电元件的厚度；

ε_r——材料的相对介电常数；

ε_0——真空介电常数。

因此可以把压电元件等效为一个与电容相串联的电压源或者一个与电容相并联的电荷源，压电元件的等效电路如图3-18所示。

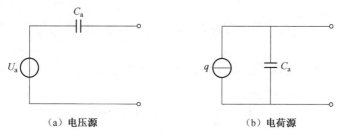

（a）电压源　　　　　　　　　　　（b）电荷源

图3-18　压电元件的等效电路

压电传感器在实际使用时总要与测量仪器或测量电路相连接，因此还需考虑连接电缆的等效电容 C_c，放大器的输入电阻 R_i，输入电容 C_i 以及压电传感器的泄漏电阻 R_a。这样，压电传感器在测量系统中的实际等效电路如图3-19所示。

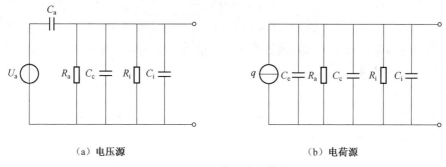

（a）电压源　　　　　　　　　　　（b）电荷源

图3-19　压电元件的实际等效电路

2. 压电式传感器测量电路

压电传感器本身的内阻抗很高，而输出能量较小，因此它的测量电路通常需要接入一个高输入阻抗前置放大器。其作用为：一是把它的高输出阻抗转换为低输出阻抗；二是放大传感器输出的微弱信号。压电传感器的输出可以是电压信号，也可以是电荷信号，因此前置放大器也有两种形式：电压放大器和电荷放大器。

（1）电压放大器

串联输出型压电元件可以等效为电压源，但由于压电效应引起的电容量 C_a 很小，因此电

压源内阻很大,在接成电压输出型测量电路时,要求前置放大器不仅有足够的放大倍数,还应有很高的输入阻抗,如图 3-20 为电压放大器电路原理及其等效电路图。

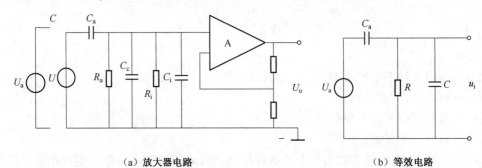

（a）放大器电路　　　　　　　　（b）等效电路

图 3-20　电压放大器电路原理及其等效电路图

等效电阻 $R = \dfrac{R_a \cdot R_i}{R_a + R_i}$,等效电容为 $C = C_c + C_i$,压电元件所受作用力 $\dot{F} = F_m \sin\omega t$（$F_m$:

作用力的幅值）,$U_a = \dfrac{q}{C_a}$,则其电压为

$$U_a = \frac{dF_m}{C_a} \cdot \sin\omega t = U_m \sin\omega t \tag{3-11}$$

而由此可得放大器输入端电压 U_i,其复数形式为

$$\dot{U}_i = dF \frac{j\omega R}{1 + j\omega R(C + C_a)} \tag{3-12}$$

放大器输入端电压的幅值为 U_{im}:

$$U_{im} = \frac{dF_m \omega R}{\sqrt{1 + \omega^2 R_2(C_a + C_c + C_i)}} \tag{3-13}$$

当作用力是静态力（$\omega = 0$）时,前置放大器的输入电压为零。原理上决定了压电式传感器不能测量静态物理量。

（2）电荷放大器

并联输出压电元件可以等效为电荷源。电荷放大器实际上是一个具有反馈电容 C_f 的高增益运算放大电路,如图 3-21 所示。

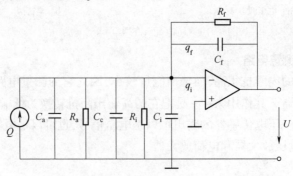

图 3-21　电荷放大器原理

由于运算放大器输入阻抗极高, 放大器输入端几乎没有分流, 故可略去 R_a 和 R_i, 则输入到放大器的电荷量 $q_i = q - q_f$, 由图可知 $q_f = (U_i - U_f)C_f = \left(-\dfrac{U_o}{A} - U_o\right)C_f = -(1+A)\dfrac{U_o}{A}C_f$, q_i 的值已知, 而

$$U_o = -AU_i = -A\frac{q_i}{C_i + C_e + C_a}$$

则

$$U_o = -\frac{Aq}{C_a + C_e + C_i + (1+A)C_f} \approx -\frac{q}{C_f} \tag{3-14}$$

由式 (3-14) 可见, 电荷放大器的输出电压仅与输入电荷和反馈电容有关。只要保持反馈电容的数值不变, 就可得到与电荷量 q 变化成线形关系的输出电压。反馈电容 C_f 小, 输出就大, 要达到一定的输出灵敏度要求, 就必须选择适当的反馈电容。输出电压与电缆电容无关条件。

四、压电传感器的应用

压电式传感器是基于压电效应的传感器, 它的敏感元件由压电材料制成, 压电材料受力后表面产生电荷, 此电荷经电荷放大器和测量电路放大和变换阻抗后就成为正比于所受外力的电量输出。用于力、压力、速度、加速度、振动等非电量的测量。

爆震传感器

1. 压电式雨刮器

雨刮器是用来刮除附着于车辆挡风玻璃上的雨点及灰尘的设备, 以改善驾驶人的能见度, 增加行车安全。

图 3-22 是间歇式柔性雨刮器系统, 间歇式柔性雨刮器由驾驶者依照雨势以及视线状况自己做调整。跟其他普通车上装的雨刮器不同之处是, 它能根据车速的变化来自动升降刷刷速度。当雨滴滴落到雨滴传感器的振动板上时, 压电元件上就会产生电压, 电压大小与加到板上的雨滴的能量成正比, 一般是 $0.5 \sim 300 \text{ mV}$。放大器将压电元件上产生的电压信号放大后再输入到刮水器放大器中。驱动雨刮器电动机, 调整雨刮器的刮刷速度。

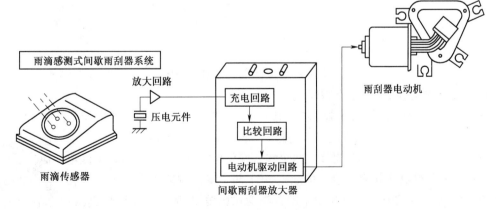

图 3-22　间歇式柔性雨刮器系统

2. 压电点火装置

压电式煤气点火装置如图3-23所示。压电点火器是以压电效应为理论基础、以压电陶瓷为介质而生产的手动点火装置,当使用者将开关往里按时,有一很大的力冲击压电陶瓷,由于压电效应,在压电陶瓷上产生数千伏高压脉冲,通过电极尖端放电,产生了电火花;将开关旋转,把气阀门打开,电火花就将燃烧气体点燃了。

3. 车辆行驶称重系统

车辆行驶称重系统如图3-24所示,车辆行驶称重系统是一组安装的传感器和含有软件的电子仪器,将高分子压电电缆埋在公路上,可以获取车

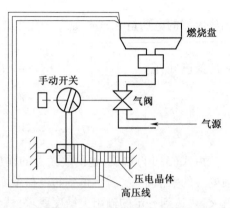

图3-23　压电式煤气点火装置

型分类信息(包括轴数、轴距、轮距、单双轮胎)、车速监测、收费站地磅、闯红灯拍照、停车区域监控、交通数据信息采集(道路监控)及机场滑行道等。

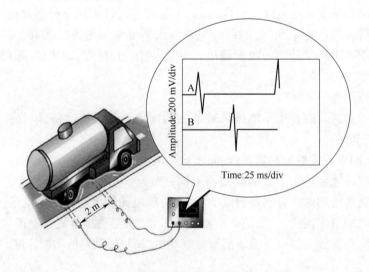

图3-24　车辆行驶称重系统

任务实施

振动式防盗报警器的制作与调试

1. 振动式防盗报警器的工作原理

图3-25为振动式防盗报警器,它采用压电传感器,图中 X1 在有电压加至其两端时它可以存储电荷,当它受到干扰时通过 VR1 放电。芯片 LM324(IC1)连接成比较器大器,在闲置状态下可用 VR1 调节。两个输入端的电压相等,使输出处于低电位。在压电元件受到干扰时。会立即放电,IC1 两个输入端的电压发生变化,3脚电压立即变高,而2脚由于 VR_1、C_1 的存在变化缓慢,3脚电压大于2脚。输出变为高电平,绿色 LED1 发光,触发开关晶体管 T1,T1 又触发单稳电路

压电陶瓷片及
其测试方法

NE555(IC2)。IC2 的定时周期由 R7 和 C5 决定,约为两分钟。从 IC2 输出的高电位使 T2 导通,再使蜂鸣器 PZ1 发声,LED2 发出红光指示起到报警作用。振动式防盗报警器的灵敏度可通过调节 VR₁ 来实现。

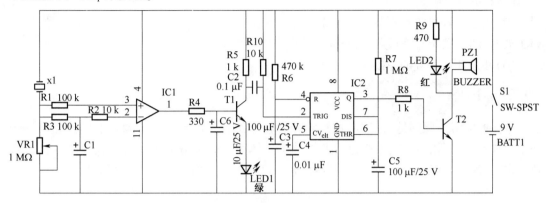

图 3-25 振动式防盗报警器

2. 元器件清单

振动式防盗报警器元器件清单如表 3-5 所示。

表 3-5 振动式防盗报警器元器件清单

序号	元件名称	元件标识	元件型号与参数	元件数量
1	电阻	R1,R3	100 kΩ	2
2	电阻	R2,R10	10 kΩ	2
3	电阻	R5,R8	1 kΩ	2
4	电阻	R4	330 kΩ	1
5	电阻	R6	470 kΩ	1
6	电阻	R7	1 MΩ	1
7	电阻	R9	470 kΩ	1
8	发光二极管	LED1	绿色	1
9	发光二极管	LED2	红色	1
10	开关	S1		1
11	电池	BATT1	9 V	1
12	电阻	VR1	1 MΩ	1
13	压电陶瓷	x1	压电陶瓷	1
14	运放 LM324	IC1		1
15	三极管	T1,T2	9013	2
16	555	IC2		1
17	电解电容	C3,C5	100 μF/25 V	2
18	电容	C2	0.1 μF	1
19	电解电容	C6	10 μF/25 V	1
20	电解电容	C1	1 μF/25 V	1
21	喇叭	PZ1		1
22	电解电容	C4	0.01 μF	1

3. 电路调试

（1）连接好实验电路，调节 VR1，使得差分放大器两个输入端电压相等，两个指示灯不亮，蜂鸣器也没反应。

（2）用手轻轻敲击或碰撞压电陶瓷，压电陶瓷弯曲变形，将机械能转换成电信号，通过 VR1 放电，两个发光二极管点亮，蜂鸣器发出声响约 2 min。

（3）注意压电陶瓷的焊接。

任务评价

本任务的考核原则是"过程考核和综合考核相结合，理论和实际考核相结合，教师评价和学生自评、互评相结合"，实行过程监控的考核体系。表 3-6 有本任务中需要考核的内容及要求、所占的分值等，在具体评价时各位老师可根据需要确定评价考核的方式。

表 3-6　振动式防盗报警器评价表

考核项目	考核内容及要求	分值	学生自评	小组评分	教师评分
学习内容掌握情况	1）能正确识别压电陶瓷、集成运放、二极管、三极管、电阻器及电容器等电子元器件； 2）能分析、选择、正确使用上述元器件； 3）能分析振动式防盗报警器的工作原理	25			
电路制作	1）能详细列出元件、工具、耗材及使用仪器仪表清单； 2）能制定详细的实施流程与安装调试步骤； 3）电路板设计制作合理，元器件布局合理，焊接规范； 4）能正确使用仪器仪表	25			
电路调试	1）能对报警器进行初始状态调整； 2）能正确判断电路故障原因并及时排除故障	15			
项目报告书完成情况	1）语言表达准确、逻辑性强； 2）格式标准、内容充实、完整； 3）有详细的项目分析、制作调试过程及数据记录	15			
职业素养	1）学习、工作积极主动、遵时守纪； 2）团结协作精神好； 3）踏实勤奋、严谨求实	10			
安全文明操作	1）严格遵守操作规程； 2）安全操作，无事故	10			
总　分					

项目总结

本项目完成了数显电子秤和振动式报警器的制作和调试。数显电子秤采用应变片构成单臂桥的方式,数码管显示的数字与重物的重量成比例关系。振动式防盗报警器利用压电陶瓷的压电效应,当有物体经过时,能够使得发光二极管闪亮,蜂鸣器发出声音,起到了报警的作用。在调试过程中,数显电子秤的调零以及振动式防盗报警器初始状态的调整是一个难点。

习题与拓展训练

1. 什么是应变效应?

2. 应变片产生温度误差的原因及减小或补偿温度误差的方法是什么?

3. 单臂电桥存在非线性误差,试说明解决方法。

4. 简述正、逆压电效应。

5. 压电材料的主要特性参数有哪些?

6. 能否用压电传感器测量静态压力?为什么?

7. 钢材上粘贴的应变片的电阻变化率为 0.1% ,钢材的应力为 $10\ \mathrm{kg/mm^2}$。试求

(1)求钢材的应变。

(2)钢材的应变为 300×10^{-6} 时,粘贴的应变片的电阻变化率为多少?

8. 图 3-26 所示为等强度梁测力系统,R_1 为电阻应变片,应变片灵敏度系数 $k = 2.05$,未受应变时 $R_1 = 120\ \Omega$,当试件受力 F 时,应变片承受平均应变 $\varepsilon = 8 \times 10^{-4}$,求

(1)应变片电阻变化量 ΔR_1 和电阻相对变化量 $\Delta R_1/R_1$。

(2)将电阻应变片置于单臂测量电桥,电桥电源电压为直流 3 V,求电桥输出电压是多少。

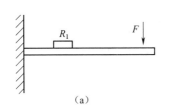
（a）

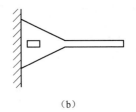
（b）

图 3-26　等强度梁测力系统

项目四

环境量传感器的应用

项目描述

适宜的温湿度,清新的空气给人舒适的感觉。为了了解生活中的温湿度以及空气的质量等,气象部门经常要对气象环境进行监测。温度可以用温度传感器来实现检测;对于空气湿度情况的检测,可以利用湿度传感器来实现。空气的质量检测可以用气敏传感器来实现,气敏传感器可以检测气体的类型、浓度和成分。除了空气质量检测,气敏传感器还可以进行煤气泄漏检测、酒精浓度测试等。

知识目标

1. 了解温度传感器、湿度传感器、气体传感器的组成。
2. 掌握温度传感器、湿度传感器、气体传感器的基本工作原理。
3. 熟悉温度传感器、湿度传感器、气体传感器的测量应用电路。

技能目标

1. 能够选择合适的元器件制作数显温度计并完成其电路调试。
2. 能够选择合适的元器件制作结露报警器并完成其电路调试。
3. 能够选择合适的元器件制作酒精测试仪并完成其电路调试。

任务一 数显温度计的制作与调试

任务要求

数显温度计采用 LM35 温度传感器采集温度,通过 ICL7017 集成芯片结合数码管显示,能够把当前温度对应电压值显示在数码管上。要求能够选择合适的元器件,对数显温度计进行制作并调试。

知识储备

温度是表示物体冷热程度的物理量,微观上来讲是物体分子热运动的剧烈程度。温度只能通过物体随温度变化的某些特性来间接测量,而用来量度物体温度数值的标尺称为温标。它规定了温度的读数起点(零点)和测量温度的基本单位。国际单位为热力学温标(K)。目前国际上用得较多的其他温标有华氏温标(℉)、摄氏温标(℃)和国际实用温标。从分子运动论观点看,温度是物体分子运动平均动能的标志。温度是大量分子热运动的集体表现,含有统计意义。对于个别分子来说,温度是没有意义的。根据某个可观察现象(如水银柱的膨胀),按照几种任意标度之一所测得的冷热程度。

温度传感器是指能感受温度并转换成可用输出信号的传感器。温度传感器是温度测量仪表的核心部分,品种繁多。按测量方式可分为接触式和非接触式两大类,按照传感器材料及电子元件特性分为热电阻式温度传感器和热电偶式温度传感器两类。

一、热电阻式温度传感器

热电阻温度传感器是利用导体或半导体的电阻值随温度变化而变化的原理进行测温的一种传感器温度计。

热电阻温度传感器分为金属热电阻和半导体热敏电阻两大类。

1. 热电阻传感器

热电阻是利用电阻与温度成一定函数关系的特性,由金属材料制成的感温元件。当被测温度变化时,导体的电阻随温度变化而变化,通过测量电阻值变化的大小而得出温度变化的情况及数值大小。

汽车冷却水温度传感器

(1)常用热电阻

热电阻大多用纯金属材料制成,目前应用最多的是铂和铜。

①铂热电阻。

铂热电阻是以铂作感温材料的感温元件,并由内引线和保护管组成的一种温度检测器,通常还带有与外部测量、控制装置及机械装置连接的部件。常用的工业用铂热电阻为 Pt 100 和 Pt 1000,其构造如图 4-1 所示。

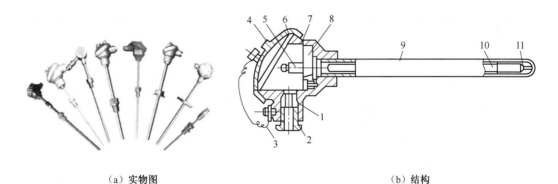

(a) 实物图　　　　　　　　　　　　　　(b) 结构

图 4-1　工业用铂热电阻的构造

1—出线孔密封圈;2—出线孔螺母;3—链条;4—盖;5—接线柱;6—盖的密封圈;
7—接线盒;8—接线座;9—保护管;10—绝缘管;11—内引线。

铂电阻器的电阻值与温度之间的关系可以查分度表得出。Pt 100 铂热电阻的分度表如表 4-1 所示。

表 4-1　**Pt 100 铂热电阻分度表**

工作温度/℃	Pt 100	工作温度/℃	Pt 100	工作温度/℃	Pt 100
-50	80.31	100	138.51	250	194.10
-40	84.27	110	142.29	260	197.71
-30	88.22	120	146.07	270	201.31
-20	92.16	130	149.83	280	204.90
-10	96.09	140	153.58	290	208.48
0	100.00	150	157.33	300	212.05
10	103.9	160	161.05	310	215.61
20	107.79	170	164.77	320	219.15
30	111.67	180	168.48	330	222.68
40	115.54	190	172.17	340	226.21
50	119.40	200	175.86	350	229.72
60	123.24	210	179.53	360	233.21
70	127.08	220	183.19	370	236.7
80	139.9.	230	186.84	380	240.18
90	134.71	240	190.47	390	243.64

②铜热电阻。

铜热电阻是通过金属在温度变化时本身电阻也随之发生变化的原理来测量温度的仪器。常用的铜热电阻有 Cu 50 和 Cu 100，其电阻值与温度之间的关系也可以查分度表得出，Cu 50 的分度表如表 4-2 所示。

表 4-2　铜热电阻分度表

工作温度/℃	Cu 50	工作温度/℃	Cu 50	工作温度/℃	Cu 50
-50	39.242	20	54.285	90	69.259
-40	41.400	30	56.426	100	71.400
-30	43.555	40	58.565	110	73.542
-20	45.706	50	60.704	120	75.686
-10	47.854	60	62.842	130	77.833
0	50.000	70	64.981	140	79.982
10	52.144	80	67.120	150	82.134

铂电阻是目前公认的制造热电阻的最好材料，它性能稳定，重复性好，测量精度高，其电阻和温度之间有很好的线性关系。铂热电阻的统一型号为 WZP，它易于提纯，物理化学性质稳定，电阻率较大，长期复现性最好，测量精度高，主要用作标准电阻温度计。

铜热电阻的统一型号为 WZC，它的特点是价格便宜（而铂是贵重金属），纯度高，重复性好，电阻温度系数大，$\alpha = (4.25 \sim 4.28) \times 10^{-3}/℃$（铂的电阻温度系数在 0~100℃ 之间的平均

值为 $3.9×10^{-3}/℃$),其测温范围为 $-50~+150℃$,当温度再高时,裸铜就氧化了。所以铜热电阻适合测量介质温度不高,腐蚀性不强,测温元件体积不受限制的场合。两者具体的区别如表 4-3 所示。

表 4-3　铂、铜热电阻特性比较表

材料 项目	铂(WZP)	铜(WZC)
使用温度范围/℃	$-200~+960$	$-50~+150$
电阻率 $(Ωm×10^{-6})$	0.098 1~0.106	0.017
0~100 ℃间电阻温度 系数 $α$(平均值)(1/℃)	0.003 85	0.004 28
化学稳定性	在氧化性介质中较稳定,不能再还原性介质中使用,尤其在高温情况下	超过 100℃易氧化
特性	特性接近于线性,性能稳定,精度高	线性较好、价格低廉、体积大
应用	适于较高温度的测量,可作标准测温装置	适合于测量低温、无水分、无腐蚀性介质的温度

除了铂和铜热电阻外,还有镍和铁材料的热电阻。镍和铁的电阻温度系数大,电阻率高,可用于制成体积大、灵敏度高的热电阻。但由于容易氧化,化学稳定性差,不易提纯,重复性和线性度差,目前应用还不多。

（2）热电阻的测量电路

热电阻的测温电桥有二线式、三线式和四线式,如图 4-2 所示。二线式适用于印制电路板上,测量回路与传感器不太远的情况。在距离较远时,为消除引线电阻受环境温度影响造成的测量误差,需要采用三线式或四线式接法。

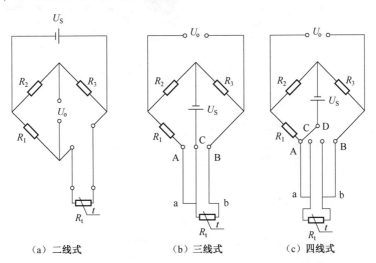

（a）二线式　　（b）三线式　　（c）四线式

图 4-2　热电阻的测量电路

最常见的热电阻测温电桥采用三线制接法,如图4-3所示。图4-3(a)的热电阻有三根引出线,而4-3(b)的热电阻只有两根引出线。但都采用了三线制连接法。采用三线制接法,引线的电阻分别接到相邻桥臂上且电阻温度系数相同,因而温度变化时引起的电阻变化也相同,使引线电阻变化产生的附加误差减小。

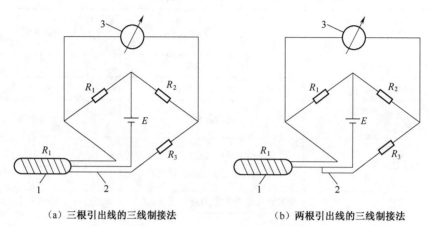

（a）三根引出线的三线制接法　　　　　（b）两根引出线的三线制接法

图4-3　热电阻三线制接法测量电桥

1—电阻体;2—引出线;3—显示仪表。

2. 热敏电阻

（1）热敏电阻的外形结构及符号

热敏电阻器是敏感元件的一类,大部分热敏电阻是由各种氧化物按一定比例混合而成的,如图4-4所示。

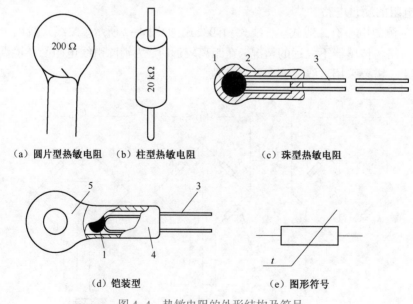

（a）圆片型热敏电阻　（b）柱型热敏电阻　　　（c）珠型热敏电阻

（d）铠装型　　　　　　　　（e）图形符号

图4-4　热敏电阻的外形结构及符号

1—热敏电阻;2—玻璃外壳;3—引出线;4—紫铜外壳;5—传热安装孔。

（2）热敏电阻的主要特点

①灵敏度较高,其电阻温度系数要比金属大 $10\sim100$ 倍以上,能检测出 $10^{-6}℃$ 的温度

变化。

②工作温度范围宽,常温器件适用于-55 ℃~315 ℃,高温器件适用温度高于315 ℃(目前最高可达到2 000 ℃),低温器件适用于-273 ℃~-55 ℃。

③体积小,能够测量其他温度计无法测量的空隙、腔体及生物体内血管的温度。

④使用方便,电阻值可在0.1~100 kΩ间任意选择。

⑤易加工成复杂的形状,可大批量生产。

⑥稳定性好、过载能力强。

(3)热敏电阻的热电特性

热敏电阻器作为一种新型的半导体测温元件,其典型特点是对温度敏感,不同的温度下表现出不同的电阻值。按照温度系数不同分为正温度系数热敏电阻器(PTC)和负温度系数热敏电阻器(NTC)。正温度系数热敏电阻器(PTC)在温度越高时电阻值越大,负温度系数热敏电阻器(NTC)在温度越高时电阻值越低,其热电特性如图4-5所示。

热敏电阻

(4)热敏电阻的主要技术指标

标称电阻值(R25):热敏电阻在25℃时的电阻值。

温度系数:温度变化导致的电阻的相对变化。温度系数越大,热敏电阻对温度变化的反应越灵敏。

时间常数:温度变化时,热敏电阻的阻值变化到最终值所需时间。

额定功率:热敏电阻正常工作的最大功率。

温度范围:允许热敏电阻正常工作,且输出特性没有变化的温度范围。

3. 集成温度传感器

集成温度传感器是将温度敏感元件和放大、运算及补偿电路采用微电子技术和集成工艺集成在一片芯片上,从而构成集测量、放大、电源供电回路于一体的高性能温度传感器,又称温度IC。

集成温度传感器测温精度高、重复性好、线性优、体积小、响应速度快、输出阻抗低,与数字电路可直接连接。工作温度范围较窄(-55℃~+150℃)。集成温度传感器有模拟集成温度传感器和数字集成温度传感器。

模拟集成温度传感器是在20世纪80年代问世的,它是将温度传感器集成在一个芯片上、可完成温度测量及模拟信号输出功能的专用IC。模拟集成温度传感器的主要特点是功能单一(仅测量温度)、测温误差小、价格低、响应速度快、传输距离远、体积小、微功耗等,适合远距离测温、控温,不需要进行非线性校准,外围电路简单。它是目前在国内外应用最为普遍的一种集成传感器,典型产品有AD590、AD592、TMP17、LM135等,如图4-6所示。

集成温度
传感器LM35

DS18B20温度
传感器

数字集成温度传感器是在20世纪90年代中期问世的。它是微电子技术、计算机技术和自动测试技术(ATE)的结晶。目前,国际上已开发出多种智能温度传感器系列产品。智能温度传感器内部都包含温度传感器、A/D转换器、信号处理器、存储器(或寄存器)和接口电路。有的产品还带多路选择器、中央控制器(CPU)、随机存取存储器(RAM)和只读存储器

（ROM）。智能温度传感器的特点是能输出温度数据及相关的温度控制量,适配各种微控制器（MCU）;并且它是在硬件的基础上通过软件来实现测试功能的,其智能化程度也取决于软件的开发水平。典型产品有 DS1620、DS1623、TCN75、LM76、MAX6625、DS18B20 等。DS18B20 是一款单线温度传感器,可以把温度信号直接转换成串行的数字信号供计算机处理,其外形及封装如图4-7所示。

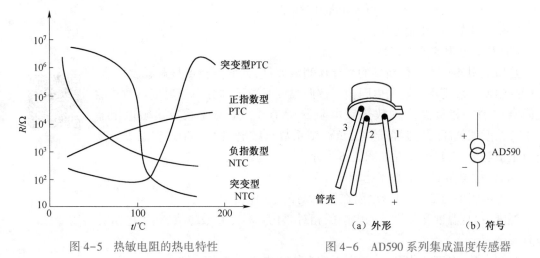

图4-5　热敏电阻的热电特性　　　　图4-6　AD590系列集成温度传感器

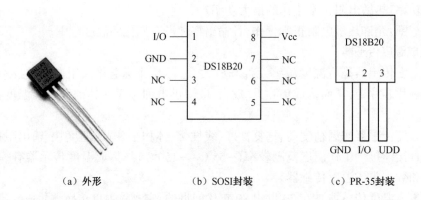

（a）外形　　　　　（b）SOSI封装　　　　　（c）PR-35封装

图4-7　DS18B20 的外形及封装

二、热电偶式温度传感器

热电偶是温度测量仪表中常用的测温元件,是由两种不同成分的导体两端接合成回路时,当两接合点热电偶温度不同时,就会在回路内产生热电流。如果热电偶的工作端与参比端存有温差时,显示仪表将会指示出热电偶产生的热电势所对应的温度值。热电偶的热电动热将随着测量端温度升高而增长,它的大小只与热电偶材料和两端的温度有关,与热电极的长度、直径无关。各种热电偶的外形常因需要而极不相同,但是它们的基本结构却大致相同,通常由热电极、绝缘套保护管和接线盒等主要部分组成,通常和显示仪表,记录仪表和电子调节器配套使用。

1. 热电偶的结构

为了保证热电偶可靠、稳定地工作,对它的结构要求如下:

①组成热电偶的两个热电极的焊接必须牢固。

②两个热电极彼此之间应很好地绝缘,以防短路。

③补偿导线与热电偶自由端的连接要方便可靠。

④保护套管应能保证热电极与有害介质充分隔离。

热电偶的结构形式通常有普通型热电偶、铠装热电偶和薄膜热电偶等。

(1)普通型热电偶

普通型热电偶工业上使用最多,它是由金属热电极、绝缘子、保护套管及接线装置等部分组成,其结构如图 4-8 所示。

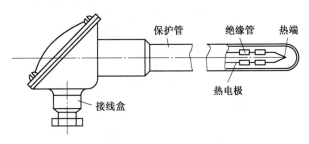

图 4-8 普通型热电偶结构

(2)铠装热电偶

铠装热电偶由热电偶丝、绝缘材料和金属套管等经拉伸加工而成的坚实组合体,如图 4-9 所示。它可以做得很细很长,在使用过程中能任意弯曲。铠装热电偶有测温端热容量小、动态响应快、机械强度高等特点,广泛应用在工业部门中。

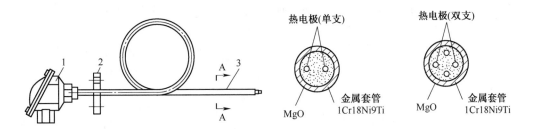

(a)铠装热电偶的外形　　　　　　　　(b)A—A 剖面

图 4-9 铠装热电偶

1—接线盒;2—安装法兰;3—金属套管。

(3)薄膜热电偶

用真空蒸镀、化学涂层等工艺,将热电极材料沉积在绝缘基板上形成的一层金属薄膜。薄膜热电偶测量端既小又薄,热惯性小、反应快,适合测量瞬间变化的表面温度和微小面积的温度,其结构如图 4-10 所示。

2. 常用热电偶

常用热电偶可分为标准热电偶和非标准热电偶两大类。所谓标准热电偶是指国家标准规定了其热电势与温度的关系、允许误差、并有统一的标准分度表的热电偶，它与其配套的显示仪表可供选用。非标准化热电偶在使用范围或数量级上均不及标准化热电偶，一般也没有统一的分度表，主要用于某些特殊场合的测量。我国标准化热电偶从 1988 年 1 月 1 日起，热电偶和热电阻全部按 IEC 国际标准生产，并指定 S、B、E、K、R、J、T 七种标准化热电偶为中国统一设计型热电偶，常用的热电偶的主要性能和特点如表 4-4 所示。

K 型热电偶
分度表

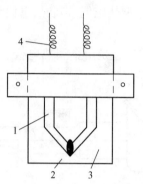

图 4-10 薄膜热电偶结构

1—金属膜；2—测量接点；3—衬架；4—金属丝。

表 4-4 标准化热电偶的主要性能和特点

名　称	分度号	使用温度（℃）		适用环境	特　点
		长期	短期		
铂铑 30—铂铑 6	B	0~1600	0~1800	适应氧化性环境及中性气体环境，不能在还原性环境及含有金属或非金属蒸汽的环境中使用	热电势小
铂铑 13—铂	R	0~1400	0~1600		精度高，性能稳定，价格高。高温下连续使用特性易变坏。价格高
铂铑 10—铂	S	0~1400	0~1600		热电性能稳定，常作标准热电偶。价格较高
镍铬—镍硅	K	0~1 000	0~1 300	适用于氧环境，耐金属蒸汽，不耐还原性环境	热电势高，热电特性近于线性，性能稳定，精度仅次于 S 型。价格便宜
镍铬—镍铜	E	0~600	0~800		热电势高，热电特性线性，性能稳定，价格便宜
铁—康铜	J	−200~600	−200~800	适用于还原性环境	价格低，热电势大，线性好，易生锈
铜—康铜	T	−200~300	−200~350		价格低，低温性能好，易生锈
镍铬硅—镍硅	N	−200~1 300	−200~1 400	适应氧化性环境及中性介质环境	高温抗氧化能力强，热电性能稳定，耐低温性能好，价格便宜

从理论上讲,任何两种不同导体(或半导体)都可以配制成热电偶,但是作为实用的测温元件,对它的要求是多方面的。为了保证工程技术中的可靠性,以及足够的测量精度,并不是所有材料都能组成热电偶,一般对热电偶的电极材料,基本要求是:

①在测温范围内,热电性质稳定,不随时间而变化,有足够的物理化学稳定性,不易氧化或腐蚀。

②电阻温度系数小,导电率高,比热小。

③测温中产生热电势要大,并且热电势与温度之间呈线性或接近线性的单值函数关系。

④材料复制性好,机械强度高,制造工艺简单,价格便宜。

3. 热电偶的工作原理

当有两种不同的导体或半导体 A 和 B 组成一个回路,如图 4-11 所示,其两端相互连接时,只要两结点处的温度不同,一端温度为 T,称为工作端或热端,另一端温度为 T_0,称为自由端(也称参考端)或冷端,回路中将产生一个电动势,该电动势的方向和大小与导体的材料及两接点的温度有关,这种现象称为"热电效应"。热电效应于1821 年由 Seeback 发现,故又称为赛贝克效应。两种导体组成的回路称为"热电偶",这两种导体称为"热电极",产生的电动势则称为"热电动势"。热电势由两部分组成,一部分是两种导体的接触电势,另一部分是单一导体的温差电势。

热电效应

两种不同的金属互相接触时,由于不同金属内自由电子的密度不同,在两金属 A 和 B 的接触点处会发生自由电子的扩散现象。如图 4-12 所示,自由电子将从密度大的金属 A 扩散到密度小的金属 B,使 A 失去电子带正电,B 得到电子带负电,从而产生接触热电势。

$$e_{AB}(T) = \frac{kT}{e}\ln\frac{n_A}{n_B} \tag{4-1}$$

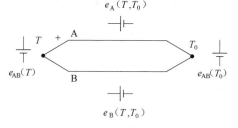

图 4-11　热电偶工作原理

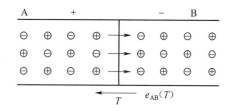

图 4-12　接触电势原理

一般来说热电偶回路中接触电动势远远大于温差电动势,所以温差电动势忽略不计,我们也将不再叙述。故热电偶回路中热电动势:

$$E_{AB}(T,T_0) = e_{AB}(T) - e_{AB}(T_0) \tag{4-2}$$

综上所述,得到以下结论:

(1)如果热电偶两材料相同,则无论接点处的温度如何,总电势为零。

(2)如果两接点处的温度相同,尽管 A、B 材料不同,总热电势为零。

(3)热电偶热电势的大小,只与组成热电偶的材料和两结点的温度有关,而与热电偶的形状尺寸无关,当热电偶两电极材料固定后,热电势便是两结点电势差。

（4）如果使冷端温度 T_0 保持不变,则热电动势便成为热端温度 T 的单一函数。用实验方法求取这个函数关系。

4. 热电偶的基本定律

（1）均质导体定律

由一种均质导体组成的闭合回路中, 不论导体的截面和长度如何以及各处的温度分布如何, 都不能产生热电势。

该定律说明:

①热电偶必须采用两种不用材料的导体组成。

②热电偶必须由均质材料构成,如果热电偶的热电极是非均质导体,在不均匀温度场中测温时将造成测量误差。因此该定律有助于检验两个热电极材料成分是否相同及材料的均匀性。

（2）中间导体定律

在热电偶中接入第三种均质导体,只要第三种导体的两结点温度相同,则热电偶的热电势不变。如图 4-13 所示,在热电偶中接入第三种导体 C,导体 A、B 结点处的温度为 T,A、C 与 B、C 两结点处的温度为 T_0, 则回路中的热电势为:

$$E_{ABC}(T、T_0) = E_{AB}(T、T_0) \tag{4-3}$$

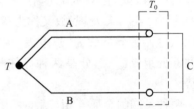

图 4-13　中间导体热电偶回路

推论:在热电偶中接入第四、五…种导体,只要保证插入导体的两结点温度相同,且是均质导体,则热电偶的热电势仍不变。

（3）标准电极定律

如图 4-14 所示,已知热电极 A、B 分别与标准电极 C 组成热电偶在接点温度为 (T,T_0) 时的热电动势分别为 $E_{AC}(T,T_0)$ 和 $E_{BC}(T,T_0)$,则在相同温度下,由 A、B 两种热电极配对后的热电动势为:

$$E_{AB}(T,T_0) = E_{AC}(T,T_0) + E_{CB}(T,T_0) \tag{4-4}$$

图 4-14　三种导体组成的热电偶

【例 4-1】　已知铂铑 30-铂热电偶的 $E_{AC}(1\,084.5,0) = 13.937(\text{mV})$,铂铑 6-铂热电偶的 $E_{BC}(1\,084.5,0) = 8.354(\text{mV})$。求铂铑 30-铂铑 6 在相同温度条件下的热电动势。

解:由标准电极定律可知, $E_{AB}(T,T_0) = E_{AC}(T,T_0) - E_{BC}(T,T_0)$

所以 $E_{AB}(1\,084.5,0) = E_{AC}(1\,084.5,0) - E_{BC}(1\,084.5,0) = 13.937 - 8.354 = 5.583(\text{mV})$

（4）中间温度定律

如图 4-15 所示,热电偶在两结点温度分别为 T、T_0 时的热电势等于该热电偶在结点温度为 T、T_n 和 T_n、T_0 相应热电势的代数和,即

$$E_{AB}(T,T_0) = E_{AB}(T,T_n) + E_{AB}(T_n,T_0) \tag{4-5}$$

【例 4-2】　用 K 型热电偶测温度,冷端为 40 ℃,测得的热电势为 29.188 mV,求被测温

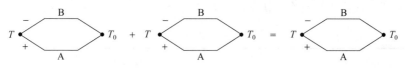

图 4-15　中间温度定律示意图

度 T。

解：已知 $e(t,40)=29.188(\mathrm{mV})$ 查 $E(40,0)=1.611(\mathrm{mV})$

故　　$E(t,0)=29.188+1.611=30.799(\mathrm{mV})$

查 K 型分度表得：$T=740\ ℃$

5. 热电偶的使用

（1）热电偶分度表

在使用没有温度指示的热电偶温度传感器时，要根据传感器输出电压值推算出相应的温度值。首先确定热电偶传感器使用的热电偶材料，然后查出分度号，再查相应分度表（以 $t_0=0\ ℃$ 为基准进行分度），一般厂家会随产品付给相应分度表。

（2）热电偶冷端补偿

①冷端恒温法。

0 ℃ 恒温器：将热电偶的冷端置于温度为 0 ℃ 的恒温器内。

其他恒温器：将热电偶的冷端置于各种恒温器内，使之保持温度恒定。这类恒温器的温度不为 0 ℃，需对热电偶进行冷端温度修正。

②计算修正法：

根据中间温度定律公式，可以利用下式计算并修正测量误差：

$$E_{AB}(t,0\ ℃)=E_{AB}(t,t_0)+E_{AB}(t_0,0\ ℃)$$

【例 4-3】　镍铬-镍硅热电偶，工作时其自由端（冷端）温度为 30 ℃，测得热电势为 39.17 mV，求被测介质的实际温度。

解：由 $t_0=0\ ℃$，查镍铬-镍硅热电偶分度表，$E(30,0)=1.2$ mV，又知 $E(t,30)=$ 39.17 mV

所以 $E(t,0)=E(30,0)+E(t,30)=1.2$ mV+39.17 mV=40.37 mV。

再用 40.37 mV 反查分度表得 977 ℃，即被测介质的实际温度。

③选择冷端温度不需要补偿的热电偶。

有些热电偶在一定温度范围内，不产生热电势火热电势很小。如铂铑 30-铂铑 6 热电偶在 0~50 ℃ 时，只有-2~3 μV 的热电势。

④补偿导线法。

所谓补偿导线，实际上是一对材料化学成分不同的导线，在 0~150 ℃ 温度范围内与配接的热电偶的自由电子密度比一致，即热电特性一致，但价格相对要便宜，其实质是相当于将热电极延长。

a. 各种补偿导线只能与相应型号的热电偶配用，不能互换。

b. 补偿导线与热电极连接时，正极接正极，负极接负极，不能接反。

c. 补偿导线与热电偶连接的连个节点必须靠近，保证温度相同。

d. 补偿导线必须在规定的温度范围内使用。

常用的补偿导线的外形颜色,型号如表 4-5 所示。

表 4-5　配用热电偶型号及外形

型号	配用热电偶 正-负	型号	外皮颜色 正-负	100 ℃时的电势/mV
RC	R(铂铑 13-铂)	RC	红-绿	0.647
NC	N(镍铬硅-镍硅)	NC	红-黄	2.744
EX	E(镍铬-铜镍)	EX	红-棕	6.319
JX	J(铁-铜镍)	JX	红-紫	5.264
TX	T(铜-铜镍)	TX	红-白	4.279

三、温度传感器的应用

温度传感器在各个行业领域都有广泛的应用,比如:医疗行业,工业,食品行业,水电站,石油化工,冶金业,印染制药等行业都有应用,主要用于温度的检测和控制。

1. 热敏电阻温度报警器

热敏电阻温度报警器的工作电路,如图 4-16 所示。常温下,调整 R_1 的阻值使斯密特触发器的输入端 A 处于低电平,则输出端 Y 处于高电平,无电流通过蜂鸣器,蜂鸣器不发声;当温度升高时,热敏电阻 R_T 阻值减小,斯密特触发器输入端 A 电势升高,当达到某一值(高电平),其输出端由高电平跳到低电平,蜂鸣器通电,从而发出报警声,R_1 的阻值不同,则报警温度不同。

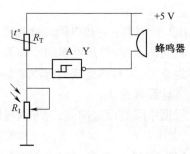

图 4-16　热敏电阻温度报警器

2. 集成温度传感器温度检测

利用 MAX6654 可对 PC、笔记本电脑和服务器中 CPU 的温度进行监控,图 4-17 是应用

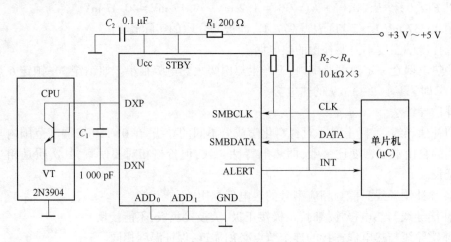

图 4-17　MAX6654 温度监控应用回路

MAX6654 对 CPU 温度进行监控的典型应用电路。远程传感器采用 2N3904 型低噪声晶体管,并贴于 CPU 芯片上,C_1 为消噪电容,R_1 和 C_2 构成高频干扰滤波器,$R_2 \sim R_4$ 为上拉电阻。单片机通过总线与 MAX6654 相连,单片机为 MAX6654 提供串行时钟并进行数据读/写操作。当 CPU 温度超限时,ALERT 端有低电平报警信号输出使单片机产生中断,再由单片机控制驱动散热风扇给 CPU 降温。而环境温度可由 MAX6654 中内置温度传感器进行检测。

3. 热电偶温度检测

如图 4-18 所示为热电偶温度检测系统,系统采用镍铬-镍硅(K 分度)热电偶作为温度传感器。冷端处于室温,热端为加热炉温度,单片机的 A/D 通道可以直接采集热电偶信号,经冷端温度补偿后,再查表 K 分度则可以得到热端温度值。室温的测量可以通过 AD590 将室温变化为电压信号,经放大后直接送给单片机的 A/D 通道,单片机程序自动完成热电偶信号的采集和冷端信号的采集,计算出实际的温度测量值。

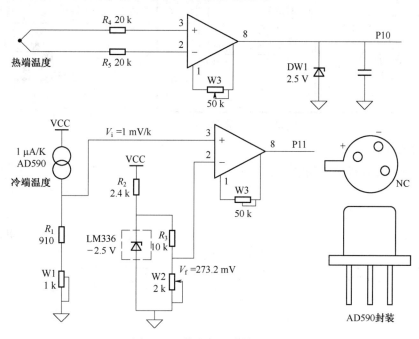

图 4-18　热电偶温度检测系统

任务实施

1. 数显温度计的工作原理

数显温度计电路原理图如图 4-19 所示,温度传感器 LM35 采集温度,LM35 是一款由 National Semiconductor 公司所生产的温度传感器,(其输出电压与摄氏温标呈线性关系,转换公式如式,0 时输出为 0 V,每升高 1℃,输出电压增加 10 mV)对温度进行采集,通过温度与电压近乎线性关系,将温度信号转化为模拟的电信号,将其电压值引入 ICL7017 集成芯片(三位半双积分型 A/D 转换器),经芯片处理将模拟的电信号转换为数字电信号并且编码后驱动共阳极 LED 数码管,由数码管表示当前温度值。

LM35 温度
传感器

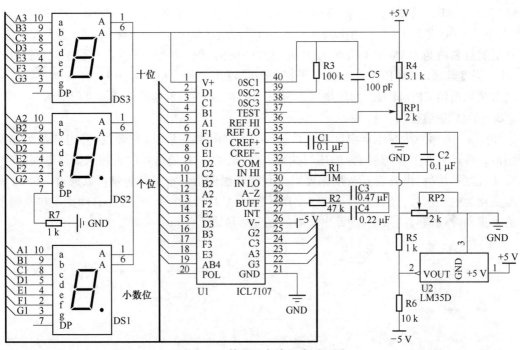

图 4-19 数显温度计电路原理图

2. 元器件清单

数显温度计元器件清单如表 4-6 所示。

七段数码管及
其检测方法

表 4-6 数显温度计元器件清单

序号	元件名称	元件标识	元件型号与参数	元件数量
1	电阻	R1	1 MΩ	1
2	电阻	R2	47 kΩ	1
3	电阻	R3	100 kΩ	1
4	电阻	R4	5.1 kΩ	1
5	电阻	R5	1 kΩ	2
6	电阻	R6,R7	10 kΩ	1
7	电容	C1,C2	104	2
8	电容	C3	474	2
9	电容	C4	224	1
10	电阻	RP1,RP2	202	2
11	集成芯片	U1	ICL7107	1
12	集成芯片	U2	LM35D	1
13	数码管	DS1,DS2,DS3	5611BS	3

3. 电路调试过程及注意点

注意：RP1，RP2 的调整会影响到 LM35D 温度变化的区间 。

（1）检查焊接的电路板是否短路，漏焊，虚焊情况，及时更正。

（2）电路板通电后，调整 RP1，RP2 让数码管显示为零，即 RP1，RP2 旋转到底。

（3）现在保持 RP1 不动，调整 RP2 用于调节 LM35D 温度传感器输出的电压信号（调整范围为数码管显示 0~13 之间），调整到数码管显示为 7 左右。

（4）这时调整 RP1（用于 ICL7107 本身的参考电压）使数码管显示当前温度即可，给 LM35D 温度传感器升温降温，数码管会显示对应的温度（注意温度量程 0 ℃~100 ℃，超过会损坏传感器）。

任务评价

本任务的考核原则是"过程考核和综合考核相结合，理论和实际考核相结合，教师评价和学生自评、互评相结合"，实行过程监控的考核体系。表 4-7 有本任务中需要考核的内容及要求、所占的分值等，在具体评价时各位老师可根据需要确定评价考核的方式。

表 4-7　数显温度计评价表

考核项目	考核内容及要求	分值	学生自评	小组评分	教师评分
学习内容掌握情况	1）能正确识别气敏传感器、发光二极管、电阻器及电容器等电子元器件； 2）能分析、选择、正确使用上述元器件； 3）能分析数显温度计的工作原理	25			
电路制作	1）能详细列出元件、工具、耗材及使用仪器仪表清单； 2）能制定详细的实施流程与安装调试步骤； 3）电路板设计制作合理，元器件布局合理，焊接规范； 4）能正确使用仪器仪表	25			
电路调试	1）能对数显温度计进行初始状态调整； 2）能正确判断电路故障原因并及时排除故障	15			
项目报告书完成情况	1）语言表达准确、逻辑性强； 2）格式标准，内容充实、完整； 3）有详细的项目分析、制作调试过程及数据记录	15			
职业素养	1）学习、工作积极主动，遵时守纪； 2）团结协作精神好； 3）踏实勤奋、严谨求实	10			
安全文明操作	1）严格遵守操作规程； 2）安全操作，无事故	10			
总　分					

任务二 结露报警器的制作与调试

任务要求

结露报警器采用结露传感器感知环境湿度,当发生结露现象时,指示灯点亮告知结露,输出可控制电路处理结露现象。要求选择合适的元器件进行结露报警器的制作。

知识储备

在工农业生产和人们的日常生活中,对湿度都有严格的要求。例如,在集成电路制造车间,由于湿度与静电电荷有直接的关系,要求低湿度环境;粮仓必须保持干燥的环境,否则粮食容易霉变;空调系统除了调节温度以外,还要控制相对湿度在一定的范围内,才使人感觉舒适;浴室的湿度很大,但其中的镜面如果有水气,则无法发挥其功能。因此湿度的检测和控制是非常重要的。

一、湿度的概念

湿度是表示空气中水蒸气含量的物理量,常用绝对湿度、相对湿度、露点等表示。

所谓绝对湿度就是单位体积空气内所含水蒸气的质量,也就是指空气中水蒸气的密度。一般用符号 AH 表示,单位为 g/m^3。相对湿度是表示空气中实际所含水蒸气的分压(pw)和同温度下饱和水蒸气的分压(pn)的百分比,通常用 rh % 表示。

结露

露点指具有某湿度值的气体在压力保持一定的条件下进行冷却,这时包含在气体中的水蒸气饱和凝缩进而结成露,此时的温度称为露点。

当温度和压力变化时,因饱和水蒸气变化,所以气体中的水蒸气压即使相同,其相对湿度也发生变化。日常生活中所说的空气湿度,实际上就是指相对湿度而言。

二、几种常见湿敏元件

1. 电阻式湿敏传感器

湿度的检测需要用到湿敏传感器,湿敏传感器是由湿敏元件和转换电路等组成。常见的湿敏元件有氯化锂湿敏电阻和半导体陶瓷湿敏电阻。

（1）氯化锂湿敏电阻

氯化锂湿敏电阻是利用吸湿性盐类潮解,离子导电率发生变化而制成的测湿元件。电阻湿敏传感器结构如图 4-20 所示,由引线、基片、感湿层与电极组成。氯化锂通常与聚乙烯醇组成混合体,在氯化锂(licl)溶液中,li 和 cl 均以正负离子的形式存在,而 li$^+$ 对水分子的吸引力强,离子水合程度高,其溶液中的离子导电能力与浓度成正比。当溶液置于一定温湿场中,若环境相对湿度高,溶液将吸收水分,使浓度降低,因此,其溶液电阻率增高。反之,环境相对湿度变低时,则溶液浓度升高,其电阻率下降,从而实现对湿度的测量。氯化锂湿敏元件的特性曲线如图 4-21 所示。由图可知,在 50% ~ 80% 相对湿度范围内,电阻

与湿度的变化呈线性关系。为了扩大湿度测量的线性范围，可以将多个氯化锂含量不同的器件组合使用，如将测量范围分别为（10% ~ 20%）rh，（20% ~ 40%）rh，（40% ~ 70%）rh，（70% ~ 90%）rh 和（80% ~ 99%）rh 五种元件配合使用，就可自动地转换完成整个湿度范围的湿度测量。

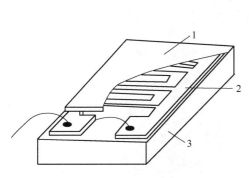

图 4-20　电阻湿敏传感器结构示意图
1—感湿层；2—电极；3—基片。

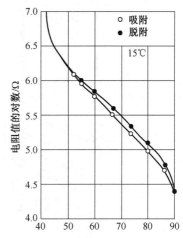

图 4-21　氯化锂湿敏元件的特性曲线

氯化锂湿敏元件的优点是滞后小，不受测试环境风速影响，检测精度高达±5%，但其耐热性差，不能用于露点以下测量，器件性能的重复性不理想，使用寿命短。

（2）半导体陶瓷湿敏电阻

半导体陶瓷湿敏电阻通常是用两种以上的金属氧化物半导体材料混合烧结而成的多孔陶瓷。这些材料有 $ZnO\text{-}LiO_5\text{-}V_2O_5$ 系、$Si\text{-}Na_2O\text{-}V_2O_5$ 系、$TiO_5\text{-}MgO\text{-}CR_2O_3$ 系、Fe_2O_3 等，前三种材料的电阻率随湿度增加而下降，故称为负特性湿敏半导体陶瓷，最后一种的电阻率随湿度增大而增大，故称为正特性湿敏半导体陶瓷（为叙述方便，有时将半导体陶瓷简称为半导瓷）。

半导体陶瓷湿敏电阻由多孔感湿陶瓷薄片的两面加上两个电极，再焊出引线，外面围绕镍镉加热丝，并由引脚引出，把它们固定在绝缘陶瓷底座上组成的，如图 4-22 所示。

工作原理：当环境湿度发生改变时，多孔感湿陶瓷吸湿，电阻值随之变化。为了防止电阻极化，测量时必须是交流。另外，在高温、高湿环境下，要定期加热清洗，使传感器恢复性能。

当环境湿度发生改变时，多孔感湿陶瓷吸湿，电阻值随之变化。为了防止电阻极化，测量时必须是交流。另外，在高温、高湿环境下，要定期加热清洗，使传感器恢复性能。

2. 电容式湿敏传感器

电容式湿敏传感器是利用湿敏元件的电容值随湿度变化的原理进行湿度测量的传感器。这类湿敏元件实际上是一种吸湿性电介质材料的介电常数随湿度而变化的薄片状电容器。吸湿件电介质材料（感湿材料）主要有高分子聚合物（例如乙酸-丁酸纤维求和乙酸-丙酸纤维素）和金属氧化物（例如多孔氧化铝）等，其结构如图 4-23 所示。当环境相对湿度增大时，环境气氛中的水分子沿着电极的毛细微孔进入感湿膜面被吸附，使两块电极之间的介

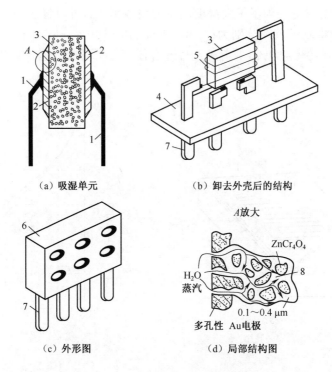

（a）吸湿单元 　　　　　　（b）卸去外壳后的结构

*A*放大

（c）外形图 　　　　　　（d）局部结构图

图 4-22　半导体陶瓷湿敏传感器结构示意图

1—引线；2—多孔性电极；3—多孔陶瓷；4—底座；5—镍铬加热丝；6—外壳；7—引脚；8—气孔。

质相对介电常数大为增加(水的相对介电常数为80)，所以电容量增大。而感湿膜只有一层呈微孔结构的薄膜，因此吸湿和脱湿容易。因此这类传感器的响应速度快。典型的产品有霍尼韦尔公司的集成湿度传感器 HIH3602L，Humirel 公司 HS1101/HS1101LF 等。

3. 集成湿敏传感器

随着传感器研发领域的不断进步，湿度传感器向集成化、智能化、多参数检测等方向发展。下面介绍几种集成湿敏传感器。

（1）叶面湿度传感器

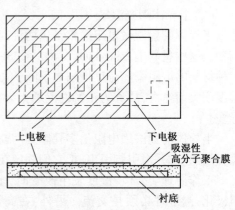

图 4-23　电容式湿敏传感器结构示意图

叶面湿度传感器如图 4-24（a）所示，由叶面模拟板、信号处理电路、温度校正电路、灌封壳体等部分组成。内部处理器将整个叶面板当作介电常数介质来测量，通过高频信号源及其处理电路实现湿度信息的测量。LW100 叶面湿度传感器用于监测降雨、结露或喷雾后植物叶面湿度的变化情况。传感器输出与叶片湿度 0~100% 成线性比例，0% 表示"干燥"，100% 表示"潮湿"或"饱和"。传感器直接悬挂在需要监测叶片湿度的植物中间，传感器角度应与要监测的叶片的角度大致相同。LW100 适用于真菌报警、病害预报、叶面湿度监测、作物喷雾监测、灌溉监测、植物培育等应用。

（2）土壤水分传感器

土壤水分传感器如图 4-24(b) 所示,由不锈钢探针和防水探头构成,可长期埋设于土壤和堤坝内使用,对表层和深层土壤进行定点监测和在线测量。与数据采集器配合使用,可作为水分定点监测或移动测量的工具。

（3）无线温湿度传感器

无线温度湿度传感器如图 4-24(c) 所示,主要用于检测室内外空气的温度与湿度,并通过 ZigBee/SmartRoom 协议自动向控制中心发送测定数据。本产品以其独特的专业性能,可广泛应用于住宅、办公、医院(如育婴房等)、农业(如蔬菜、瓜果大棚等)、植物园等多种场所。

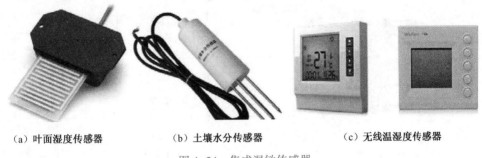

（a）叶面湿度传感器　　（b）土壤水分传感器　　（c）无线温湿度传感器

图 4-24　集成湿敏传感器

三、湿敏传感器的应用

湿敏传感器广泛应用于军事、气象、工业、农业、医疗、建筑以及家用电器等场合的湿度检测、控制与报警。

1. 直读式湿度计

图 4-25 所示是直读式湿度计,其中 R_H 为氯化锂湿敏传感器。由 VT_1、VT_2、T_1 等组成测湿电桥的电源,其振荡频率为 250~1 000 Hz。电桥的输出经变压器 T_2,C_3 耦合到 VT_3,经 VT_3 放大后的信号,经 $VD_1 \sim VD_4$ 桥式整流后,输入给微安表,指示出由于相对湿度的变化引起电流的改变,经标定并把湿度刻划在微安表盘上。

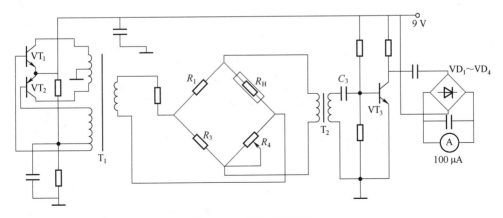

图 4-25　直读式湿度计

2. 汽车玻璃挡板结露控制

图 4-26 所示为汽车玻璃挡板结露控制电路，R_L 为加热丝；R_H 为结露传感器。T_1、T_2 构成施密特触发电路。低湿度时调整 R_1 和 R_2 使 T_1 导通、T_2 截止，J 触点释放；当湿度增大到 $80\% R_H$ 以上时，R_H 值下降，T_1 截止 T_2 导通，J 通电，常开触点接通，加热挡风玻璃中的加热丝，驱散湿气，避免挡风玻璃结露。

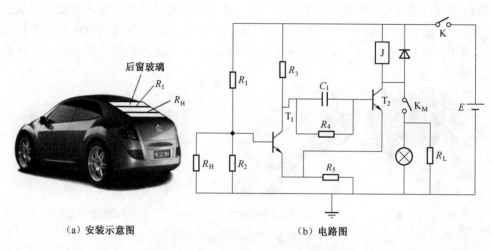

（a）安装示意图　　　　　　　　　（b）电路图

图 4-26　汽车玻璃挡板结露控制电路

任务实施

1. 结露报警器的工作原理

图 4-27 所示为结露报警器的电路原理图，图中，HDS10 为结露传感器。在低湿度时，结露传感器的电阻值比较低，比如湿度为 75% 时 RH 的电阻为 10 kΩ，VT1 基极电压低于 0.6 V 而截止，VT2 基极电压为 5 V，发射结无偏置电压而截止，结露指示灯 LED 不亮。在结露时，结露传感器的电阻值明显增大，

HDS10 结露传感器

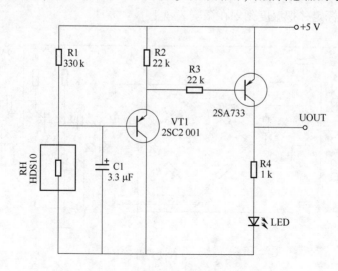

图 4-27　结露报警器电路原理图

当湿度为93%时,电阻值达到了70 kΩ,VT1基极电压高于0.6 V而导通,VT2基极电压降低,使得发射结为正向偏置且饱和导通,结露指示LED点亮。

2. 元器件清单

结露报警器元器件清单如表4-8所示

表4-8 结露报警器元器件清单

序号	元件名称	元件标识	元件型号及参数	元件数量
1	电阻	R2,R3	22 kΩ	2
2	电阻	R1	330 kΩ	1
3	电阻	R4	1 kΩ	1
4	结露传感器	RH	HDS10	1
5	电容	C1	3.3 μF	1
6	三极管	VT1	2SC2001	1
7	三极管	VT2	2SA733	1
8	发光二极管	LED	红色	1

3. 电路调试过程及注意点

(1)检查焊接的电路板是否短路、漏焊、虚焊情况,及时更正。

(2)此电路相对简单,安装时注意PNP和NPN型三极管不要装反。

(3)电路中的结露传感器也可以使用其他型号,如HDS05,HDSP07等。

任务评价

本任务的考核原则是"过程考核和综合考核相结合,理论和实际考核相结合,教师评价和学生自评、互评相结合",实行过程监控的考核体系。表4-9有本任务中需要考核的内容及要求、所占的分值等,在具体评价时各位老师可根据需要确定评价考核的方式。

表4-9 结露报警器评价表

考核项目	考核内容及要求	分值	学生自评	小组评分	教师评分
学习内容掌握情况	1)能正确识别结露传感器、发光二极管、三极管、电阻器及电容器等电子元器件; 2)能分析、选择、正确使用上述元器件; 3)能分析结露报警器的工作原理	25			
电路制作	1)能详细列出元件、工具、耗材及使用仪器仪表清单; 2)能制定详细的实施流程与安装调试步骤; 3)电路板设计制作合理,元器件布局合理,焊接规范; 4)能正确使用仪器仪表	25			

项目 四 环境量传感器的应用

考核项目	考核内容及要求	分值	学生自评	小组评分	教师评分
电路调试	1）能对结露报警器进行正确调试； 2）能正确判断电路故障原因并及时排除故障	15			
项目报告书完成情况	1）语言表达准确、逻辑性强； 2）格式标准，内容充实、完整； 3）有详细的项目分析、制作调试过程及数据记录	15			
职业素养	1）学习、工作积极主动，遵时守纪； 2）团结协作精神好； 3）踏实勤奋、严谨求实	10			
安全文明操作	1）严格遵守操作规程； 2）安全操作，无事故	10			
总　分					

任务三　酒精测试仪的制作与调试

 **任务要求**

　　酒精测试仪采用 MQ-3 型气敏传感器感知酒精浓度，测试电路输出电压送给 LM3914 芯片的 5 脚，经过芯片内部比较器比较后驱动输出端发光二极管，发光二极管点亮的数量越多表明酒精含量越浓。此款酒精测试仪可作为简易的酒驾测试。要求选择合适的元器件制作完成酒精测试仪并进行调试。

 **知识储备**

一、认识气敏传感器

　　气敏传感器是一种检测特定气体的传感器。它主要包括半导体气敏传感器、接触燃烧式气敏传感器和电化学气敏传感器等，其中用的最多的是半导体气敏传感器。气敏传感器主要应用在一氧化碳气体的检测、瓦斯气体的检测、煤气的检测、氟利昂的检测、呼气中乙醇的检测、人体口腔口臭的检测等。图 4-28 所示为各种类型的气敏传感器外形图。

氧传感器

　　常用的气敏传感器有接触燃烧式气体传感器、电化学气敏传感器、半导体气敏传感器等。

图 4-28　气敏传感器外形图

1. 接触燃烧式气体传感器

接触燃烧式气体传感器的检测元件一般为铂金属丝(也可表面涂铂、钯等稀有金属催化层),使用时对铂丝通以电流,保持 300 ℃ ~ 400 ℃ 的高温,此时若与可燃性气体接触,可燃性气体就会在稀有金属催化层上燃烧,因此,铂丝的温度会上升,铂丝的电阻值也上升;通过测量铂丝的电阻值变化的大小,就知道可燃性气体的浓度。

2. 电化学气敏传感器

电化学气敏传感器一般利用液体(或固体、有机凝胶等)电解质,其输出形式可以是气体直接氧化或还原产生的电流,也可以是离子作用于离子电极产生的电动势。

3. 半导体气敏传感器

半导体气敏传感器包括用氧化物半导体陶瓷材料作为敏感元件制作的气敏传感器以及用单晶半导体器件制作的气敏传感器。按照半导体的物理特性可以分为电阻型和非电阻型两类,如表 4-10 所示。电阻型半导体传感器其敏感元件吸附气体后电阻值随着被测气体的浓度改变而变化,利用它这一特性,可以来检测气体的浓度或成分。非电阻型半导体气敏传感器是利用二极管伏安特性和场效应管的阈值电压的变化来测量被测气体。电阻型半导体传感器目前应用较为广泛。它具有灵敏度高、响应快、稳定性好、使用简单的特点。

表 4-10　半导体气敏传感器

	主要物理特性		金属氧化物	工作温度	被测气体
电阻式	电阻	表面控制型	氧化银、氧化锌	室温~450 ℃	可燃气体
		体控制型	氧化钛、氧化钴、氧化镁、氧化锡	700℃以上	酒精、氧气可燃气体
非电阻式	表面电位		氧化银	室温	硫醇
	二极管整流特性		铂/硫化镉、铂/氧化钛	室温~200 ℃	氢气、一氧化碳、酒精
	晶体管特性		铂珊 MOS 场效应晶体管	150 ℃	氢气、硫化氢

二、气敏电阻传感器

(1)气敏电阻的组成及分类

气敏电阻一般由三部分组成:敏感元件、加热器和外壳,如图4-29所示。敏感元件以金属氧化物为基础材料,金属氧化物半导体有 N 型和 P 型两种。N 型半导体有氧化锡、氧化铁、氧化锌等;P 型半导体有氧化钴、氧化铅、氧化铜等,为了提高某种气敏元件对某些气体的敏感度,合成的材料中还添加了催化剂,比如钯(Pd)、铂(Pt)、银(Ag)等,其中用氧化锡(Sn_nO_2)制成的元件最为常用,按其结构分有烧结型、薄膜型和厚膜型。

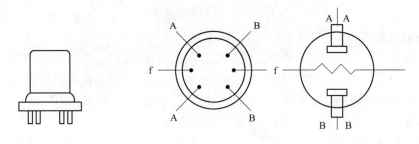

(a)气敏电阻的外形
侧视图和底视引脚图

(b)气敏电阻的符号

图4-29 气敏电阻元件外形及符号

f—加热电极;AA、BB—气敏电阻电极。

①烧结型气敏元件。

烧结型气敏元件以多孔质陶瓷 S_nO_2 为基材,添加不同物质,采用低温制陶方法进行烧结,烧结时埋入铂电极和加热丝,最后将铂电极和加热丝引线焊接在管座上制成的。S_nO_2 气敏元件对许多可燃性气体,如一氧化碳、甲烷、乙醇等具有高灵敏度。图4-30 为 MQN 型气敏电阻结构。

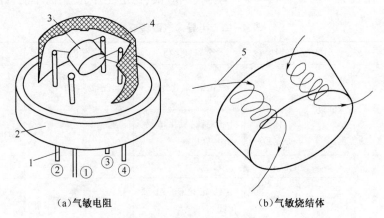

(a)气敏电阻

(b)气敏烧结体

图4-30 MQN 型气敏电阻结构

1—引脚;2—塑料底座;3—烧结体;4—不锈钢网罩;5—电极。

②薄膜型气敏元件。

薄膜型气敏元件是利用蒸发或溅射的方法,在石英或陶瓷基片上形成金属氧化物薄膜(厚度在 100 nm 以下),用这种方法制成的敏感膜颗粒很小,因此具有高灵敏度和响应速度。

③厚膜型气敏元件。

厚膜型气敏元件是将气敏材料(S_nO_2)和一定比例的硅凝胶混制成能印刷的膜胶,把后膜胶用丝网印刷到事先安装有铂电极的氧化铝基片上,在 400 ℃~800 ℃ 的温度下烧结 1~2 h 制成的。

(2)气敏电阻的工作原理

气敏电阻是利用气体的吸附而使半导体本身的电导率发生变化这一机理来进行检测的。N 型在检测时阻值随气体浓度的增大而减小,P 型阻值随气体浓度的增大而增大。

S_nO_2 金属氧化物半导体气敏材料,属于 N 型半导体,在 200 ℃~300 ℃ 温度它吸附空气中的氧,形成氧的负离子吸附,使半导体中的电子密度减少,从而使其电阻值增加。当遇到有能供给电子的可燃气体(如 CO 等)时,原来吸附的氧脱附,而由可燃气体以正离子状态吸附在金属氧化物半导体表面;氧脱附放出电子,可燃性气体以正离子状态吸附也要放出电子,从而使氧化物半导体导带电子密度增加,电阻值下降。可燃性气体不存在了,金属氧化物半导体又会自动恢复氧的负离子吸附,使电阻值升高到初始状态。

(3)气敏电阻传感器的测量电路

气敏电阻传感器的基本测量电路如图 4-31 所示,图中 V_h 为加热电源,V_c 为测量电源,电路中气敏电阻值的变化引起电路中电流的变化,输出信号的电压由电阻 R_L 上取得。气敏元件在低浓度下灵敏度高,在高浓度下灵敏度趋于稳定值,因此,常用来检测可燃气体的气体泄漏。

其中 A 为加热电极,B 为工作电极。加热器的作用是将附着在敏感元件上的尘埃、油污等烧掉,加速气体的附着,提高其灵敏度。

氧化锡、氧化锌材料的气敏元件输出电压与温度的关系如图 4-32 所示。

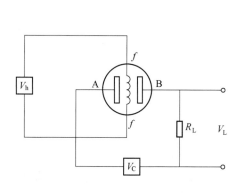

图 4-31 气敏电阻传感器的基本测量电路

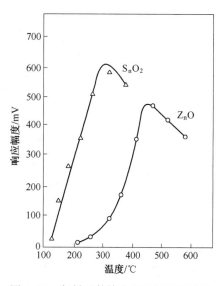

图 4-32 气敏元件输出电压与温度关系

三、气敏传感器的应用

1. 有害气体泄漏报警器

图4-33所示为有害气体泄漏报警器,该有害气体泄漏报警器由电源电路、气体检测电路、电子开关电路和声光报警电路组成。其中电源电路由熔断器 FU、电源变压器 T、整流二极管 VD1~VD4、滤波电容 C1 和 C2、限流电阻 R1 和稳压二极管 VD5 组成。气体检测电路由 QM-N5 型气敏元件及 VD6 等外围元件组成。电子开关电路由晶体管 VT1~VT3、继电器 K 和有关外围元件组成。声光报警电路由语音集成电路 IC、晶体管 VT4 和 VT5、扬声器 BL、发光二极管 LED 等元件组成。

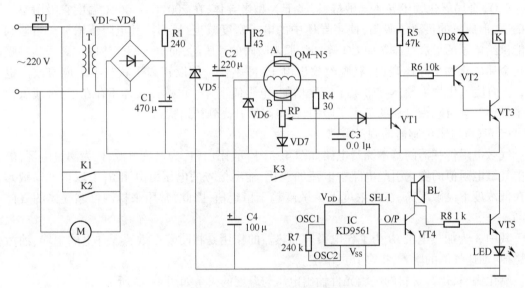

图 4-33　有害气体泄漏报警器

电路通电后,当气敏元件 QM-N5 不接触有害气体时,其 A、B 两极间的电阻值很大,电子开关 VT1~VT3 均处于截止状态,继电器 K 失电不吸合。报警器处于监控状态。

当室内有害气体的浓度达到一定值时,QM-N5 的 A、B 两极间的阻值将变小,使 VT1~VT3 均导通,继电器 K 得电吸合,其动合触点 K1、K2、K3 均闭合,使排风扇电动机 M 和声光报警电路得电工作。KD9561 输出的语音报警信号经 VT4 放大后驱动扬声器 BL 出响亮的告警声,发光二极管 LED 随着告警声而闪亮,同时排风扇不断把室内有害气体向室外排放。

当室内有害气体浓度降到某一预定值时,电子开关 VT1~VT3 转换为截止状态,K 失电不吸合,其动合触点 K1、K2、K3 均断开,声光报警电路等后级电路由于失电停止工作。报警器恢复为监控状态。

2. 防酒后驾车控制器

防酒后驾车控制器如图4-34所示。图中 QM-J1 为酒敏元件。若司机没喝酒,在驾驶室内合上开关 S,此时气敏器件的阻值很高,U_a 为高电平,U_1 低电平,U_3 高电平,继电器 K_2 线圈失电,其常闭触点 K_{2-2} 闭合,发光二极管 VD_1 通,发绿光,能点火启动发动机。

若司机酗酒,气敏器件的阻值急剧下降,使 U_a 为低电平,U_1 高电平,U_3 低电平,继电器

K_2 线圈通电,K_{2-2} 常开触头闭合,发光二极管 VD_2 通,发红光,以示警告,同时常闭触点 K_{2-1} 断开,无法启动发动机。

若司机拔出气敏器件,继电器 K_1 线圈失电,其常开触点 K_{1-1} 断开,仍然无法启动发动机。常闭触点 K_{1-2} 的作用是长期加热气敏器件,保证此控制器处于准备工作的状态。

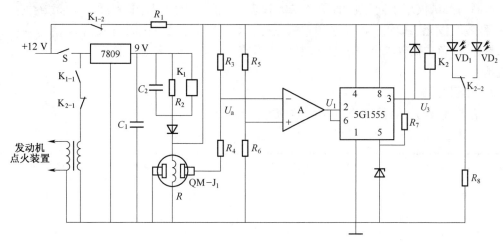

图 4-34　防酒后驾车控制器

项目实施

1. 酒精测试仪的工作原理

酒精测试仪的电路原理图如图 4-35 所示,在工作时,加热回路采用 5V 电压供电,MQ-3

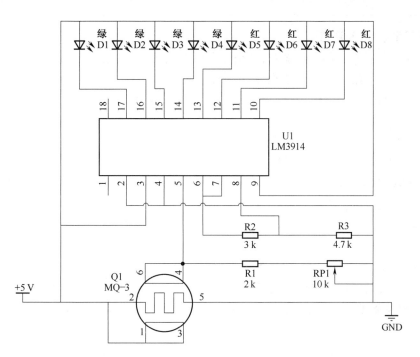

图 4-35　酒精测试仪电路原理图

型气敏传感器,R1 和 RP1 构成测试回路,当酒精浓度增加时,气敏传感器的内阻阻值将会迅速降低,测试回路的输出电压增加。输出电压送到芯片 LM3914 的 5 脚,即芯片内部各个比较器的反相端,与同相端的电压比较。酒精浓度越高,5 脚的电压越大,经过比较器比较后输出低电平的数量越多,被点亮的发光二极管数量就越多。本酒精测试仪用不同颜色的发光二极管表示酒精浓度大小,随着酒精浓度增加,发光二极管一次从左到右被点亮,绿色指示灯亮模拟酒精浓度未超标,红色二极管点亮表示浓度超标,并且点亮的数量越多表示超标的值越大。

LM3914 及其应用

2. 元器件清单

酒精测试仪的元器件清单如表 4-11 所示。

表 4-11 酒精测试仪元器件清单

序号	元件名称	元件标识	元件型号与参数	元件数量
1	电阻	R1	2 kΩ	1
2	电阻	R2	3 kΩ	1
3	电阻	R3	4.7 kΩ	1
4	滑动变阻器	RP1	10 kΩ	1
5	LED	D1~D8	红 4 绿 4	8
6	集成芯片	U1	LM3914N-1	1
7	酒精传感器	Q1	MQ-3	1

3. 电路调试过程及注意点

（1）上电之前检查电路是否短路,准确无误后上电测试(注意 LED 的正负极性)。

（2）上电之后,预热一分钟,暂时不需要任何操作,这时会发现 LED 灯从左向右依次点亮,然后从右向左依次熄灭(可能不会全部点亮,也有可能不会完全熄灭,取决于芯片 5 脚电压值的大小)。

（3）用万用表测量 LM3914 芯片的 5 脚电压,并调节 RP1,使之稳定在 1 V 左右,最左侧第一个绿灯发出微弱的光,个人焊接板子不同,可能会有偏差。

（4）这时将准备好沾有酒精的纸巾轻轻覆盖在 MQ-3 酒精传感器上,LED 灯应从左向右依次点亮,拿下纸巾后,LED 灯会缓缓地从右向左熄灭。

任务评价

本任务的考核原则仍然通过"过程考核和综合考核相结合,理论和实际考核相结合,教师评价和学生自评、互评相结合"的原则,实行过程监控的考核体系。表 4-12 有本任务中需要考核的内容及要求、所占的分值等,在具体评价时各位老师可根据需要确定评价考核的方式。

表 4-12　酒精测试仪评价表

考核项目	考核内容及要求	分值	学生自评	小组评分	教师评分
学习内容掌握情况	1)能正确识别酒精测试仪、发光二极管、电阻器及电容器等电子元件； 2)能分析、选择、正确使用上述元件； 3)能分析酒精测试仪的工作原理	25			
电路制作	1)能详细列出元件、工具、耗材及使用仪器仪表清单； 2)能制定详细的实施流程与安装调试步骤； 3)电路板设计制作合理,元件布局合理,焊接规范； 4)能正确使用仪器仪表	25			
电路调试	1)能对酒精测试仪进行初始状态调整； 2)能正确判断电路故障原因并及时排除故障	15			
项目报告书完成情况	1)语言表达准确、逻辑性强； 2)格式标准,内容充实、完整； 3)有详细的项目分析、制作调试过程及数据记录	15			
职业素养	1)学习、工作积极主动,遵时守纪； 2)团结协作精神好； 3)踏实勤奋、严谨求实	10			
安全文明操作	1)严格遵守操作规程； 2)安全操作无事故	10			
总　分					

项目总结

本项目中我们学习了温度传感器、湿敏传感器和气敏传感器这三种和环境有关的传感器,借助三种传感器完成了数显温度计、结露报警器以及酒精测试仪的制作,数显温度测试仪结合集成温度传感器模块完成温度的测试,结露报警器利用结露传感器感知湿度和结露现象并进行报警,酒精测试仪利用气敏传感器完成酒精的测试。本项目的重点是每个任务制作完成后的电路调试部分。

习题与拓展训练

1. 什么是热电势、接触电势和温差电势?

2. 说明热电偶测温的原理。

3. 已知在其特定条件下,材料 A 与铂配对的热电势 $E_{A-Pt}(T, T_0) = 13.967$ mV,材料 B 与铂配对的热电势 $E_{B-Pt}(T, T_0) = 8.345$ mV,试求出此条件下材料 A 与材料 B 配对后的热电势。

4. Pt100 和 Cu50 分别代表什么传感器? 分析热电阻传感器测量电桥之三线、四线连接法的主要作用。

5. 试比较热电阻与热敏电阻的异同。

6. 什么是绝对湿度和相对湿度? 如何表示?

7. 气敏元件通常工作在高温状态的目的是什么?

8. 图 4-36 为一种简单的矿灯瓦斯报警器,请分析其工作原理。

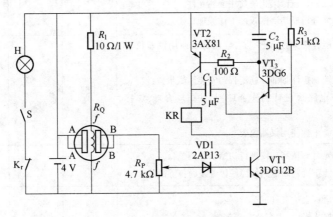

图 4-36　矿灯瓦斯报警器

项目五

几何量传感器的应用

项目描述

　　几何量传感器是将几何量变化转换成电学量变化的一类传感器。该类传感器的运用有很多方面,如加速度、位移、振动、间距以及角度的测量,油罐、水塔、各种储液罐的液面检测,以及煤粉仓、水泥库、化学原料库等的料面检测,此外在零件的加工尺寸、位移以及厚度等方面也有着广泛的运用。可以说几何量传感器在人们的生产以及生活中发挥着重要作用。本项目包含两个任务,分别利用电容式传感器和超声波传感器实现几何量的测量——液位和距离的检测。

知识目标

1. 掌握电容传感器的工作原理、结构形式、类型和特征。
2. 了解电容传感器的常用转换电路。
3. 熟悉电容传感器的运用。
4. 掌握超声波的概念,了解超声波的折射、反射特性,熟悉超声波探头结构。
5. 了解超声波探头产生、接收超声波原理,以及对应的转换电路。
6. 熟悉超声波传感器的典型运用。

技能目标

1. 能够选择合适的元器件制作电容液位传感器,并完成其电路调试。
2. 能够选择合适的元器件制作超声波测距传感器,并完成其电路调试。

任务一　电容式液位检测仪的制作与调试

**任务要求**

　　制作一个基于电容原理的液位检测传感器。结合示波器、万用表等测量仪器实现液位的检测标定,完成电路的设计绘制以及调试。

一、电容式传感器的工作原理和结构类型

由绝缘介质分开的两个平行金属板组成了平板电容器。电容式传感器是指能将被测物理量的变化转换为电容量变化的一类传感器,平板电容器结构如图 5-1 所示,它实质上是具有一个可变参数的电容器,参数如式(5-1)所示。

$$C = \frac{\varepsilon A}{d} = \frac{\varepsilon_r \varepsilon_0 A}{d} \tag{5-1}$$

式中,A 为极板面积;d 为极板间距离;$\varepsilon = \varepsilon_r \varepsilon_0$,$\varepsilon_0$ 为真空介电常数,$\varepsilon_0 = 8.85 \times 10^{-12}$ F/m,ε_r 为介质的相对介电常数。由此可以看出当被测物理量使 A、d 或 ε_r 发生变化时,电容量 C 也随之发生改变。如果保持其中两个参数不变,而仅改变另一参数,就可以将该参数的变化单值地转换为电容量的变化。所以电容式传感器可以分为三种类型:改变电极间距离的变极距型,改变极板面积的变面积型和改变介质电常数的变介质型。

1. 变极距型电容式传感器

如图 5-2 所示,如果两极板的有效作用面积及极板间的介质不变,单纯改变极板的距离 d,引起电容变化,即为变极距式电容传感器。图 5-2 中 1 为静止极板,一般称为定极板,而极板 2 为与被测体相连的动极板。当极板 2 因被测参数改变而引起移动时,就改变了两极板间的距离 d,从而改变了两极板间的电容 C。该类传感器可用于位移、振动以及加速度等物理量的检测。

电容式传感器

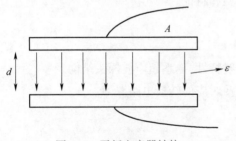

图 5-1　平板电容器结构

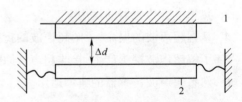

图 5-2　变极距型平板电容结构
1—定极板;2—动极板。

极板面积为 A,初始距离为 d_0,以空气为介质($\varepsilon_r = 1$)的电容器为例,当间隙 d_0 减小 Δd 时(设 $\Delta d \ll d_0$),则电容增加 ΔC,即

$$C_0 + \Delta C = \frac{\varepsilon_0 A}{d_0 - \Delta d} = C_0 \frac{1}{1 - \frac{\Delta d}{d_0}} \tag{5-2}$$

由式(5-2),电容的相对变化量 $\Delta C / C_0$ 为

$$\frac{\Delta C}{C_0} = \frac{\Delta d}{d_0} \left(1 - \frac{\Delta d}{d_0}\right)^{-1} \tag{5-3}$$

当 $\Delta d / d_0 \ll 1$,灵敏度 K 为

$$\frac{\Delta C}{\Delta d} \approx \frac{C_0}{d_0} = \frac{\varepsilon A}{d_0} \qquad (5-4)$$

从式(5-4)中可以看出,电容的变化量与极板移动的位移有关,关系如图5-3所示,通过曲线可以发现 A 处的斜率大于 B 处,也就是两极板的间距 d 越小,灵敏度越高;而当 $x \ll d_0$ 时,可以近似地认为 $\frac{\Delta C}{\Delta d} = \frac{C_0}{d_0}$ 成线性关系。

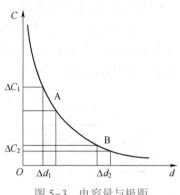

变极距型电容式传感器可以实现动态非接触测量,动态响应特性好,灵敏度和精度高(可达 nm 级别),适用于较小位移(1 nm~1 μm)的高精度测量,但是非线性误差较大,线路杂散电容影响较大,使用的过程中对于后续处理电路要求较高。

图 5-3 电容量与极距
距离的关系

2. 变面积型电容式传感器

变面积型电容式传感器如图5-4所示,有平板型直线位移式、圆筒型直线位移式和角位移型三种。对于平板型直线位移式而言,下面的极板为动极板,上面的极板为定极板。当动极板与定片有一相对线位移时,两片金属极板的正对面积变化,引起电容量的变化,即为变面积型电容式传感器。变面积型电容式传感器通过改变两极板的正对面积 A,从而改变两极板间的电容值 C。可用于位移、角位移、厚度、振动以及加速度等物理量的检测。

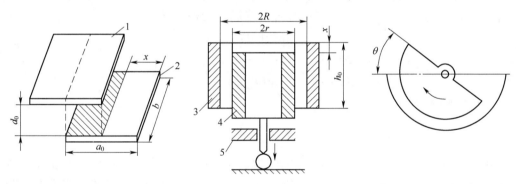

(a) 平板型直线位移式   (b) 圆筒型直线位移式   (c) 角位移式

图 5-4 变面积型电容式传感器

1—定极板;2—动极板;3—定极板(桶);4—动极板(桶);5—隔板。

设两块极板的长度为 b,宽度为 a,极板面积为 $A = ab$,初始距离为 d_0,以空气为介质($\varepsilon_r = 1$)的电容器为例,当平板移动 x 之后,则电容增加 ΔC,即

$$C_0 + \Delta C = \frac{\varepsilon_0 (a + \Delta x) b}{d_0} = \frac{\varepsilon_0 ab}{d_0} + \frac{\varepsilon_0 \Delta x b}{d_0} \qquad (5-5)$$

由式(5-5)可知,电容的相对变化量 $\Delta C / C_0$ 为

$$\frac{\Delta C}{C_0} = \frac{\Delta x}{a} \qquad (5-6)$$

灵敏度 K 为一个常数,即

$$\frac{\Delta C}{\Delta x} = \frac{C_0}{a} = \frac{\varepsilon b}{d} \tag{5-7}$$

3. 变介质型电容式传感器

变介质型电容式传感器是极板间距以及正对面积 A 不变的情况下，极板间的介质介电常数发生改变，也就是介质发生改变，从而导致电容的改变，如图 5-5 所示。该类型传感器可用于位移、料面、液面等检测。

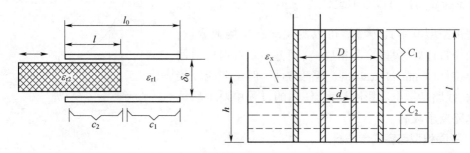

(a) 平面式变介质型电容式传感器   (b) 圆柱式变介质型电容式传感器

图 5-5　变介质型电容式传感器

若传感器的极板为同心圆筒，如图 5-5(b)所示，其液面部分为被测介质，相对介电常数为 ε_x，液面以上部分为空气，相对介电常数近似取 1，电容 C 值为 C_1 和 C_2 并联，即

$$C = C_1 + C_2 = \frac{2\pi\varepsilon_0(l-h)}{\ln(D/d)} + \frac{2\pi\varepsilon_x\varepsilon_0 l}{\ln(D/d)}$$

$$= \frac{2\pi\varepsilon_0 l}{\ln(D/d)} + \frac{2\pi(\varepsilon_x - 1)\varepsilon_0}{\ln(D/d)}h = a + bh \tag{5-8}$$

灵敏度 K 为

$$K = \frac{dc}{dh} = b \tag{5-9}$$

由式(5-9)，可以看出传感器的灵敏度为常数，电容 C 理论上与液面成线性关系，只要测出电容 C，就可以知道液位 h。接下来使用的电容液位传感器就是基于变介质型电容式传感器的。

二、电容式传感器的转换电路

电容式传感器系统包括转换元件、测量电路和显示仪表。利用前面所讲的电容结构将各种待测量转换成电容的变化，再经过特定的电路处理转换成电压、电流或是频率信号，利用特定的仪表显示。电容传感器的测量电路有很多种，一般有交流电桥测量电路、调频测量电路、运算放大器式电路、二极管双 T 形电路和脉冲宽度调制电路五种。

1. 交流电桥测量电路

将电容式传感器接入交流电桥的一个臂(另一个臂可以为固定电容，也可以是差分结构电容)或两个相邻臂，另外两个臂可以是电阻、电容或电感，也可以是变压器的两个二次线圈。而选择紧耦合电感臂的电桥时，如图 5-6 所示，此时电路灵敏度高，稳定性好，且寄生电容较小，大大简化了电桥的屏蔽和接地，适用于高配电源下工作。

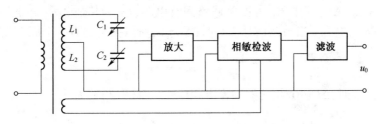

图 5-6　交流电桥测量电路

电桥的空载输出电压为

$$\dot{U}_o = \frac{C_1 - C_2}{C_1 + C_2} \cdot \frac{\dot{U}}{2} \tag{5-10}$$

对变极距型电容式传感器 $C_1 = \dfrac{\varepsilon_0 A}{d_0 - \Delta d}$，$C_2 = \dfrac{\varepsilon_0 A}{d_0 + \Delta d}$

代入上式得

$$\dot{U}_o = \frac{\Delta d}{d_0} \frac{\dot{U}}{2} \tag{5-11}$$

可见对变极距型差分电容式传感器的变压器电桥,在负载阻抗极大时,其输出特性呈线性。

2. 调频测量电路

调频测量电路原理图如图 5-7 所示,C_x 为传感电容,由调谐振荡、限幅、鉴频、放大等电路组成。调频测量电路把电容式传感器作为振荡器谐振回路的一部分。当输入量导致电容量发生变化时,振荡器的振荡频率就发生变化。虽然可将频率作为测量系统的输出量,用以判断被测非电量的大小,但此时系统是非线性的,不易校正,因此加入鉴频器,用此鉴频器可调整地非线性特性去补偿其他部分的非线性,并将频率的变化转换为振幅的变化,经过放大就可以用仪器指示或记录仪记录下来。

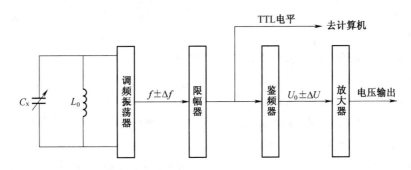

图 5-7　调频测量电路原理图

图 5-7 中调频振荡器的振荡频率为

$$f = \frac{1}{2\pi\sqrt{L_0 C}}$$

式中,L_0 为振荡回路的电感;C 为振荡回路总电容。

$C=C_1+C_2+C_0+\Delta C$，其中 C_1 为振荡回路固有电容；C_2 为传感器引线分布电容；而 $C_x=C_0+\Delta C$ 为传感器的电容。当被测信号为 0 时，$\Delta C=0$，所以振荡器有一个固有频率，即

$$f_0 = \frac{1}{2\pi\sqrt{L_0(C_1+C_2+C_0)}} \tag{5-12}$$

当被测信号不为 0 时，$\Delta C \neq 0$，振荡器频率有相应变化，此时频率为

$$f = \frac{1}{2\pi\sqrt{L_0(C_1+C_2+C_0\pm\Delta C)}} = f_0 \pm \Delta f \tag{5-13}$$

调频电容式传感器测量电路具有较高灵敏度，可以测至 0.01 μm 级位移变化量。信号输出易于用数字仪器测量和与计算机通信，抗干扰能力强，可以发送、接收以实现遥测遥控。

3. 运算放大器式电路

当运算放大器的放大倍数 K 非常大，而且输入阻抗 Z_i 很高，运算放大式电路可以作为电容式传感器的比较理想的测量电路。运算放大器式电路原理图如图 5-8 所示。

图 5-8 中 C_x 为电容式传感器，$\dot{U}_i$ 是交流电源电压，$\dot{U}_o$ 是输出信号电压，Σ 是虚地点。由运算放大器工作原理可得

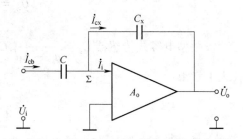

图 5-8　运算放大器式电路原理图

$$\dot{U}_o = -\frac{C}{C_x}\dot{U}_i \tag{5-14}$$

如果传感器是一只平板电容器，则 $C_x=\dfrac{\varepsilon A}{d}$，则输出电压 U_o 与极板间距 d 成线性关系，运算放大器电路从原理上解决了变极距型电容式传感器特性的非线性问题。

4. 二极管双 T 形电路

二极管双 T 形电路原理图，如图 5-9 所示。e 是高频电源，它提供幅值为 U_i 的对称方波（占空比为 50%），VD_1、VD_2 为特性完全相同的两个二极管，$R_1=R_2=R$，C_1、C_2 为传感器的两个差动电容。当传感器没有输入时，$C_1=C_2$。

当 e 为正半周时，二极管 VD_2 导通、VD_1 截止，于是电容 C_1 充电；在随后出现负半周时，电容 C_1 上的电荷通过电阻 R_1、

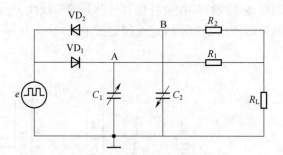

图 5-9　二极管双 T 形电路原理图

负载电阻 R_L 放电，流过 R_L 的电流为 I_1。在负半周内，VD_1 导通、VD_2 截止，则电容 C_2 充电；在随后出现正半周时，C_2 通过电阻 R_2、负载电阻 R_L 放电，流过 R_L 的电流为 I_2。根据上面所给的条件，电流 $I_1=I_2$，且方向相反，在一个周期内流过 R_L 的平均电流为零。若传感器输入不为 0，则 $C_1 \neq C_2$，那么 $I_1 \neq I_2$，此时 R_L 上必定有信号输出，其输出在一个周期内的平均值为

$$\dot{U}_o = I_L R_L \approx \frac{R(R+2R_L)}{(R+R_L)^2} R_L \dot{U}_i f(C_1-C_2) \tag{5-15}$$

式中,f 为电源频率。

当 R_L 已知,式(5-15)中 $\dfrac{R(R + 2R_L)}{(R + R_L)^2} R_L = M$(常数),则

$$\dot{U}_o \approx M\dot{U}_i f(C_1 - C_2) \tag{5-16}$$

当电路中的电阻和电源电压幅值频率确定后,输出电压 U_o 是电容 C_1 和 C_2 的函数。

5. 脉冲宽度调制电路

图 5-10 为差分脉冲宽度调制电路。当接通电源后,若触发器 Q 端为高电平(U_1),$\overline{Q}$ 端为低电平(0),则触发器通过 R_1 对 C_1 充电;当 F 点电位 U_F 升到与参考电压 U_r 相等时,比较器 IC_1 产生一个脉冲使触发器翻转,从而使 Q 端为低电平,$\overline{Q}$ 端为高电平(U_1)。

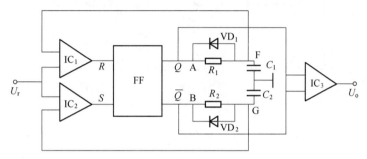

图 5-10　差动脉冲宽度调制电路

此时,电容 C_1 通过二极管 VD_1 迅速放电至零,而触发器由 $\overline{Q}$ 端经 R_2 向 C_2 充电;当 G 点电位 U_G 与参考电压 U_r 相等时,比较器 IC_2 输出一个脉冲使触发器翻转,从而循环上述过程。可以看出,电路充放电的时间,即触发器输出方波脉冲的宽度受电容 C_1、C_2 调制。当 $C_1 = C_2$ 时,各点的电压波形如图 5-11(a)所示,Q、$\overline{Q}$ 两端电平的脉冲宽度相等,两端间的平均电压为零;当 $C_1 > C_2$ 时,各点的电压波形如图 5-11(b)所示,Q、$\overline{Q}$ 两端间的平均电压(经一个低通滤波器)为

$$\dot{U}_o = \frac{T_1 - T_2}{T_1 + T_2} \dot{U}_1 \tag{5-17}$$

式中,T_1 和 T_2 分别为 F 端和 G 端输出方波脉冲的宽度,亦即 C_1 和 C_2 的充电时间。

根据电路知识可求出 $T_1 = R_1 C_1 \ln \dfrac{\dot{U}_1}{\dot{U}_1 - \dot{U}_r}$,$T_2 = R_2 C_2 \ln \dfrac{\dot{U}_1}{\dot{U}_1 - \dot{U}_r}$,将这两个式子代入式(5-12),可得

$$\dot{U}_o = \frac{C_1 - C_2}{C_1 + C_2} \dot{U}_1 \tag{5-18}$$

当该电路用于差分式变极距型电容式传感器时,由式(5-18)有

$$\dot{U}_o = \frac{\Delta d}{d_0} \dot{U}_1 \tag{5-19}$$

这种电路只采用直流电源,无须振荡器,要求直流电源的电压稳定度较高,但比高稳定

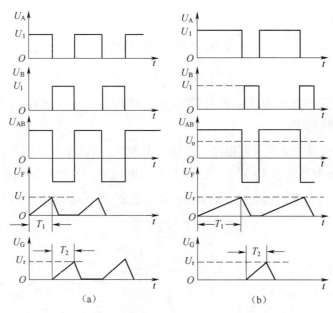

图 5-11 各点电压波形图

度的稳频、稳幅交流电源易于做到。用于差分式变面积型电容式传感器时有

$$\dot{U}_o = \frac{\Delta A}{A} \dot{U}_1 \tag{5-20}$$

这种电路不需要载频和附加解调电路,无波形和相移失真;输出信号只需要通过低通滤波器引出;直流信号的极性取决于 C_1 和 C_2;对变极距型和变面积型的电容式传感器均可获得线性输出。这种脉宽调制电路也便于与传感器做在一起,从而使传输误差和干扰大大减小。

三、电容式传感器的应用

前面已经介绍电容式传感器可以直接测量的非电量为:直线位移、角位移及介质的几何尺寸(或称物位),直线位移及角位移可以是静态的,也可以是动态的,例如是直线振动及角振动。用于上述三类非电参数变换测量的变换器一般说来原理比较简单,无须再作任何预变换。

电容式传感器测量液位

用来测量金属表面状况、距离尺寸、振幅等量的传感器,往往采用单极式变极距型电容式传感器,使用时常将被测物作为传感器的一个极板,而另一个极板在传感器内。近年来,已采用这种方法测量油膜等物质的厚度。这类传感器的动态范围均比较小,为十分之几

电容式传感器测量角度

毫米左右,而灵敏度则在很大程度上取决于选材、结构的合理性及寄生参数影响的消除。精度达到 0.1 μm,分辨力为 0.025 μm,可以实现非接触测量,它加给被测对象的力极小,可忽略不计。测物位的传感器多数是采用电容式传感器作转换元件。电容式传感器还可用于测量原油中含水量、粮食中的含水量等。当电容式传感器用于测量其他物理量时,必须进行预变换,将被测参数转换成 d,S 或 ε 的变化。例如,在测量压力时要用弹性元件先将压力转换

成 d 的变化。

1. 膜片电极式压力传感器

如图 5-12 所示,膜片电极式压力传感器由一个固定电极和一个膜片电极形成距离为 d_0,极板有效面积为 πa^2,这种传感器中的膜片均取得很薄,在被测压力 P 的作用下,膜片向间隙方向呈球状凸起,电容的极距发生改变,进而导致电容的改变。压力改变,电容极距发生改变,导致电容改变,通过处理电路转换成可读信号输出,得出压力值大小,实现压力检测。

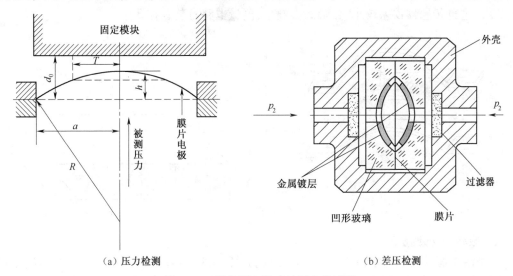

（a）压力检测　　　　　　　　　（b）差压检测

图 5-12　膜片压电极式的压力传感器

2. 电容式加速度传感器

测量振动时使用加速度及角加速度传感器,一般采用惯性式传感器测量绝对加速度。在这种传感器中可应用电容式加速度传感器。一种电容式加速度传感器的原理结构如图 5-13 所示。这里有两个固定极板,极板中间有一用弹簧支撑的质量块,此质量块的两个端面经过磨平抛光后作为可动极板。当传感器测量垂直方向上的直线加速度时,质量块在绝对空间中相对静止,而两个固定极板将相对质量块产生位移,此位移大小正比于被测加速度,使 C_1、C_2 中一个增大,一个减小。

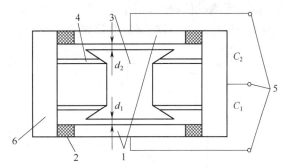

图 5-13　电容式加速度传感器
1—固定电极；2—绝缘垫；3—质量块；
4—弹簧；5—输出端；6—壳体。

3. 电容式应变计

电容式应变计原理结构如图 5-14 所示。在被测量的两个固定点上,装两个薄而低的拱弧,方形电极固定在弧的中央,两个拱弧的曲率略有差别。安装时注意两个极板应保持平行并平行于安装应变计的平面,这种拱弧具有一定的放大作用,当两固定点受压缩时变换电容值将减小(极间距增大)。很明显,电容极板相互距离的改变量与应变之间并非是线性关系,这可抵消一部分变换电容本身的非线性。

4. 电容式荷重传感器

电容式荷重传感器原理结构如图 5-15 所示。用一块特种钢(其浇铸性好,弹性极限高),在同一高度上并排平行打圆孔,在孔的内壁以特殊的粘接剂固定两个截面为 T 形的绝缘体,保持其平行并留有一定间隙,在相对面上粘贴铜箔,从而形成一排平板电容器。当圆孔受荷重变形时,电容值将改变,在电路上各电容并联,因此总电容增量将正比于被测平均荷重 F。这种传感器误差较小,接触面影响小,测量电路可装置在孔中。

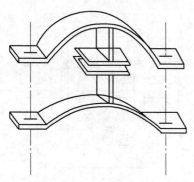 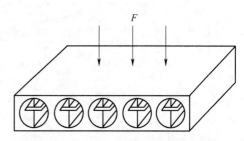

图 5-14　电容式应变计原理结构　　　　图 5-15　电容式荷重传感器原理结构

5. 振动、位移测量仪

DWY-3 振动、位移测量仪是一种电容、调频原理的非接触式测量仪器,它既是测振仪,又是电子测微仪,主要用来测量旋转轴的回转精度、振摆,往复机构的运动特性、定位精度,机械构件的相对振动、相对变形,工件尺寸、平直度,以及用于某些特殊测量等。作为一种通用性的精密测试仪器得到广泛应用。它的传感器是一片金属片,作为固定极板,而以被测构件为动极板组成电容器,测量原理如图 5-16 所示。

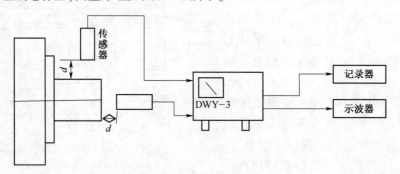

图 5-16　振动测量原理

在测量时,首先调整好传感器与被测工件间的原始间隙 d_0,当轴旋转时因轴承间隙等原因使转轴产生径向位移和振动 $\pm\Delta d$,相应地产生一个电容变化 ΔC,DWY-3 振动、位移测量仪可以直接指示出 Δd 的大小,配有记录和图形显示仪器时,可将 Δd 的大小记录下来并在图像上显示其变化的情况。

6. 电容测厚仪

电容测厚仪是用来测量金属带材在轧制过程中的厚度的。它的变换器就是电容式厚度传感器,其工作原理如图 5-17 所示。在被测带材的上下两边各置一块面积相等,与带材距离相同的极板,这样极板与带材就形成两个电容器(带材也作为一个极板)。把两块极板用导线连接起来,就成为一个极板,而带材则是电容器的另一极板,其总电容 $C=C_1+C_2$。

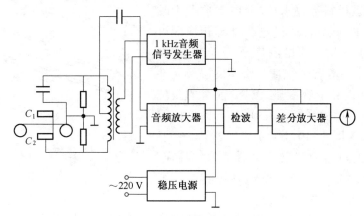

图 5-17　电容测厚仪工作原理

金属带材在轧制过程中不断向前送进,如果带材厚度发生变化,将引起它与上下两个极板间距变化,即引起电容量的变化,如果总电容量 C 作为交流电桥的一个臂,电容的变化 ΔC 引起电桥不平衡输出。经过放大、检波、滤波,最后在仪表上显示出带材的厚度。这种测厚仪的优点是带材的振动不影响测量精度。

7. 电容式油量表

电容式油量表工作示意图如图 5-18 所示。当油量为 0 时,电桥平衡,输出电压为零,伺服电动机不转动,油量偏转角度为 0,R_p 电阻为 0。当油箱中油的高度为 h 时,电容 C_x 发生改变,电桥失去平衡,输出电压不为 0,经过电路放大后驱动伺服电动机工作,带动指针偏转使得 θ 改变,同时带动 R_p 滑动,使得电桥达到平衡,伺服电动机停转,此时 θ 值即油量指示

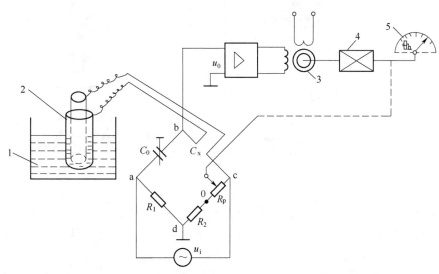

图 5-18　电容式油量表工作示意图

1—油料;2—电容器;3—伺服电机;4—减速器;5—指示表盘

值;反之,油量减少,伺服电动机反转,R_p 减小,θ 向另一方向偏转,指示油量值。

8. 电容式湿度计

电容式湿度计,结构如图 5-19(a)所示。湿度发生改变后,湿敏材料吸收水分,介电常数发生改变,进而影响输出电容值,通过电路处理转换即可检测湿度的大小。湿度的检测广泛用于工业、农业、国防、科技、生活等各个领域。常用的湿敏元件有阻抗式湿敏元件和电容湿敏元件。前者的阻抗与湿度曲线成非线性关系;后者的电容与湿度曲线基本成线性关系。图 5-19(b)为 MC-2 型电容湿敏元件的应用,通过自激多谐振荡器、脉宽调制电路、频率/电压转换器电路 F/V 和 A/D 转换器实现湿度的检测。

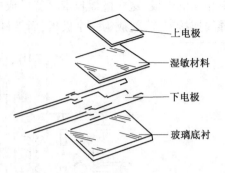

图 5-19　电容式湿敏传感器结构

9. 电容触摸屏

随着多媒体信息查询的与日俱增,人们越来越多地谈到触摸屏。目前,根据触摸检测技术(即使用传感器原理)的不同,可将触摸屏分为四个基本种类:电阻技术触摸屏、电容技术触摸屏、红外线技术触摸屏、表面声波技术触摸屏。电容触摸屏工作原理,如图 5-20 所示,它的构造主要是在玻璃屏幕上镀一层透明的薄膜体层,再在导体层外加上一块保护玻璃,双玻璃设计能彻底保护导体层及感应器。电容式触摸屏在触摸屏四边均镀上狭长的电极,在导电体内形成一个低电压交流电场。用户触摸屏幕时,由于人体电场、手指与导体层间会形成一个耦合电容,四边电极发出的电流会流向触点,而电流强弱与手指到电极的距离成正比,位于触摸屏幕后的控制器便会计算电流的比例及强弱,准确算出触摸点的位置。电容触摸屏的双玻璃不但能保护导体及感应器,更有效地防止外在环境因素对触摸屏造成影响,就算屏幕沾有尘埃或油渍,电容式触摸屏依然能准确算出触摸位置。

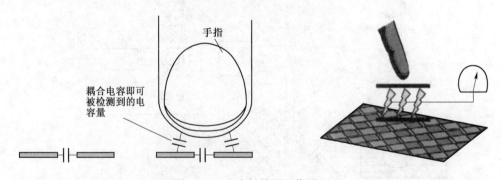

图 5-20　电容触摸屏工作原理

结合微电子工艺和集成电路,高精度、高准确率和高运算处理能力的智能型电容式传感器被研发出来,并运用于越来越多的场合,如 MEMS 电容式加速度传感器、MEMS 硅膜电容式气象压力传感器等。总之,随着传感器技术的发展,电容式传感器的形式将会多种多样,其形式应以非接触式为研制重点。其发展方向是通过广泛应用微机等高新电子技术来获得全面性能的进一步提高,同时还要向着小型化、智能化、多功能化的方向发展。

1. 电容式液位检测仪的工作原理

采用 LM324 设计的电容式液位检测电路如图 5-21 所示。LM324 内部共有 4 个运算放大器,其中 A1 构成 RC 桥式振荡电路,产生 370 Hz 的交流信号;A2 构成衰减器,将信号按比例缩小 10 倍;A3 构成电容检测电路,输出的交流电压峰值受液位影响;A4 构成 370 Hz 的带通滤波器,最后将交流电压信号连接示波器观察峰值。

LM324 及其应用

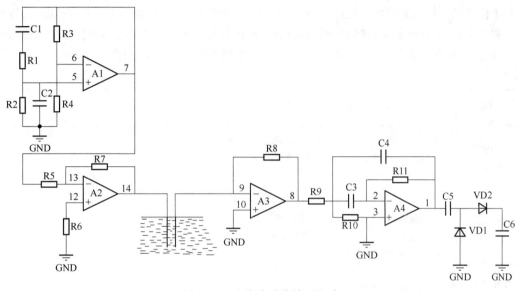

图 5-21　电容式液位检测电路

2. 元器件清单

电容式液位检测电路元器件清单如表 5-1 所示。

表 5-1　电容式液位检测电路元器件清单

序号	元件名称	元件标识	元件型号与参数	元件数量
1	电阻	R1、R2	4.3 kΩ	2
2	电阻	R3	10 kΩ	1
3	电阻	R4	1.2 kΩ	2
4	电阻	R5	36 kΩ	1
5	电阻	R6、R7	3.6 kΩ	2
6	电阻	R8	100 kΩ	1
7	电阻	R9	1.6 kΩ	1
8	电阻	R10	30 kΩ	1
9	电阻	R11	3.2 kΩ	2
10	电容	C1、C2、C4、C5	0.1 μF	4
11	放大器	A1、A2、A3、A4	LM324AD	1
12	肖特基二极管	VD1、VD2		2

项目五　几何量传感器的应用

3. 电路调试过程及注意点

①信号源测试:用示波器测量 A1 的信号输出,应为方波,电压幅度接近电源电压。

②衰减器测试:用示波器测量 A2 的信号输出,电压幅度缩小 10 倍。

③CV 转换电路测试:采用 104 的电容作为输入电容,测量 A3 输出的波形,波形较差。

④带通滤波测试:测量 A4 输出的波形,幅度与 A3 相近,但是波形更加完美。

⑤改变液位,输出电压值改变,通过示波器、万用表记录液面高度对应电压峰值。

任务评价

本任务的考核原则仍然是通过"过程考核和综合考核相结合,理论和实际考核相结合,教师评价和学生自评、互评相结合"的原则,实行过程监控的考核体系。表 5-2 有本任务中需要考核的内容及要求、所占的分值等、在具体评价时,各位老师可根据需要确定评价考核的方式。

表 5-2　电容式液位传感器评价表

考核项目	考核内容及要求	分值	学生自评	小组评分	教师评分
学习内容掌握情况	1)能正确解读电路各模块的功能,掌握电容的检测原理; 2)能分析、选择、正确使用上述元器件; 3)能分析计算电路工作原理	25			
电路制作	1)能详细列出元件、工具、耗材及使用仪器仪表清单; 2)能制定详细的实施流程与电路调试步骤; 3)电路板设计制作合理,元器件布局合理,焊接规范; 4)能正确使用仪器仪表	25			
电路调试	1)能快速、正确地调试电容式液位检测仪; 2)能正确判断电路故障原因并及时排除故障	15			
项目报告书完成情况	1)语言表达准确、逻辑性强; 2)格式标准,内容充实、完整; 3)有详细的项目分析、制作调试过程及数据记录	15			
职业素养	1)学习、工作积极主动、遵时守纪; 2)团结协作精神好; 3)踏实勤奋、严谨求实	10			
安全文明操作	1)严格遵守操作规程; 2)安全操作,无事故	10			
总　分					

任务二　超声波测距仪的制作与调试

**任务要求**

超声波测距是超声波的一个典型运用。要求完成超声波测距仪的制作,完成 0.1~1m 的距离检测并显示,完成电路的设计焊接并进行调试。

超声波测距传感器是利用超声波为介质的测量系统，主要应用于现代科技、国防和工农业领域。超声波应用有三种基本类型，透射型用于遥控器，防盗报警器、自动门、接近开关等；分离式反射型用于测距、液位或料位；反射型用于材料探伤、测厚等。

一、超声波测距仪基础

1. 超声波的特性

机械振动在弹性介质内的传播称为波动，简称波。频率在 20 Hz~20 kHz 之间，能为人耳所闻的机械波，称为声波（可闻声波）；低于 20 Hz 的机械波，称为次声波；高于 20 kHz 的机械波，称为超声波。声波频率的界限划分如图 5-22 所示。

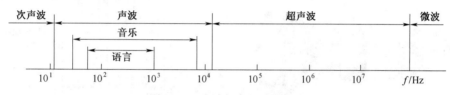

图 5-22　声波频率的界限划分

超声波是一种在弹性介质中的机械振荡，有两种形式：横向振荡（横波）及纵向振荡（纵波），在工业中应用主要采用纵向振荡。超声波可以在气体、液体及固体中传播，其传播速度不同。它具有频率高、波长短、绕射现象小，特别是方向性好、能够成为射线而定向传播等特点。超声波对液体、固体的穿透本领很大，尤其是在阳光不透明的固体中，它可穿透几十米的深度。超声波碰到杂质或分界面会产生显著反射形成反射成回波，碰到活动物体能产生多普勒效应。因此超声波检测广泛应用在工业、国防、生物医学等方面。

超声波从一种介质传播到另一介质，在两个介质的分界面上一部分能量被反射回原介质，称为反射波，另一部分透射过界面，在另一种介质内部继续传播，则称为折射波，如图 5-23 所示。通过两种不同的介质时，超声波产生反射和折射现象，但当它由气体传播到液体或固体中，或由固体、液体传播到气体中时，由于介质密度相差太大而几乎全部发生反射。利用超声波的这一特性，配上不同的电路，制成各种超声测量仪器及装置，并在通信，医疗家电等各方面得到广泛应用。

图 5-23　超声波的反射和折射

2. 超声波探头

超声波的产生，主要材料有压电材料（电致伸缩）及镍铁铝合金（磁致伸缩）两类。压电式超声波发送传感器可以产生几十千赫兹到几十兆赫兹的超声波。声强可达几十 W/cm²。磁致伸缩超声波发生器产生的频率只能在几万赫兹以内，但声强可达几千 W/cm²。它与压电式的发送器比较所产生的超声波的频率较低，而强度则大许多。压电材料有很多种，比如压电晶体 SiO_2，压电陶瓷锆钛酸铅（PZT）以及压电聚合物聚偏氟乙烯 PVDF 等。超声波探头实物如图 5-24（a）所示，它可以将电能转换成机械振荡而产生超声波，同时它接收到超声波

时也能转换成电能。小型超声波传感器,发送与接收略有差别,它适用于在空气中传播,工作频率一般为 23~25 kHz 及 40~45 kHz。这类传感器适用于测距、遥控、防盗等用途。该类型超声波探头有 T/R-40-60,T/R-40-12 等(其中 T 表示发送,R 表示接收,40 表示频率为 40 kHz,16 及 12 表示其外径尺寸,以毫米计)。

超声波探头结构如图 5-24(b)所示,它主要由压电晶片、吸收块(阻尼块)、保护膜、引线等组成。压电晶片多为圆板形,厚度为 δ。超声波频率 f 与其厚度 δ 成反比。压电晶片的两面镀有银层,作导电的极板。阻尼块的作用:降低晶片的机械品质,吸收声能量。如果没有阻尼块,当激励的电脉冲信号停止时,晶片将会继续振荡,加长超声波的脉冲宽度,使分辨率变差。

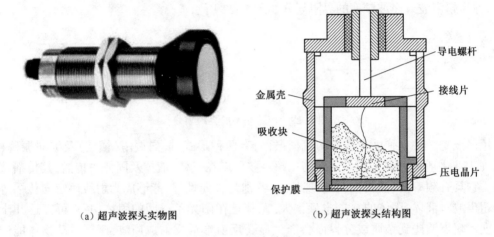

(a)超声波探头实物图　　　　　　(b)超声波探头结构图

图 5-24　超声波探头

超声波探头可以分成超声波发送器和超声波接收器,其工作原理如图 5-25 所示。有的超声波传感器既作发送器,也能作接收器。

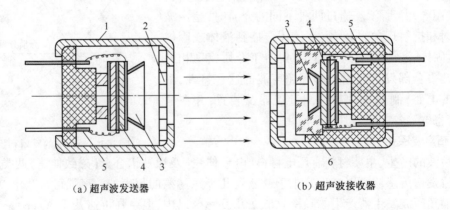

(a)超声波发送器　　　　　　　　(b)超声波接收器

图 5-25　超声波和探头的工作原理

1—外壳;2—金属丝网罩;3—锥形共振盘;4—压电晶体;5—引脚;6—阻抗匹配器。

3. 超声波传感器的检测原理

由于超声波指向性强、能量消耗缓慢和在同一种介质中传播的距离较远，而且超声波检测比较迅速、测量精度高和易于实时控制，因此超声波常用于距离的检测。下面以距离检测为例，讲解超声波的检测原理。如图 5-26 所示，超声波在不同的介质分界面会发生反射，根据超声波的传播速度以及信号接收的时间差就可以计算出距离。

以空气为例，如图 5-26(b) 所示，超声波在空气中的速度一般为 340 m/s，根据计数器计时 t，就可以计算出发射点距离障碍物的距离 s，即 $s = \dfrac{340t}{2}$。注意以单探头为例，以接收反射波为计时截止信号，记录的发射脉冲和回声脉冲间的时间间隔就是往返行程的时间，如图 5-27 所示，所以要除以 2，后期试验中我们采用的是双探头则不需要。

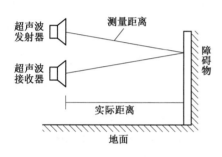

图 5-26　超声波在不同介质分界面的反射

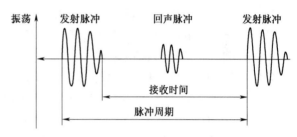

图 5-27　单头超声波距离传感器信号发送接收示意图

二、超声波传感器的转换电路

以测距为例，超声波传感器系统设计包括模拟和数字两部分：模拟部分包括超声发射电路、驱动电路、接收放大电路、比较电路；数字部分包括计数显示电路。硬件设计从成本和性能两方面进行考虑，力求结构简单、成本合理、功能完善、稳定性好。超声波测距系统方案框图如图 5-28 所示。

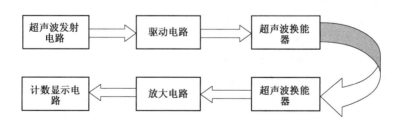

图 5-28　超声波测距系统方案框图

1. 超声波发射电路

超声波换能器驱动脉冲电路需要产生方波信号，可以用两块 555 集成电路组成超声波脉冲信号发生器，如图 5-29 所示。

其中 IC1 输出信号控制 IC2 与其共同组成超声波载波信号发生器，输出 1 ms 频率 40 kHz，占空比 50% 的脉冲，停止 64 ms。

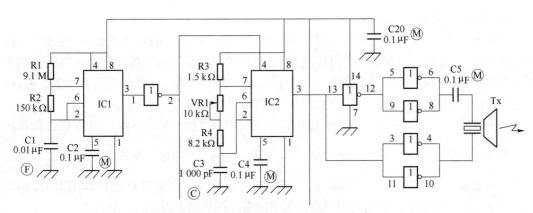

图 5-29　超声波脉冲信号发生器

IC1 输出信号的计算公式如下：

条件：R1 = 9.1 MΩ、R2 = 150 kΩ、C1 = 0.01 μF

$TH = 0.69 \times (R1 + R2) \times C = 0.69 \times 9\ 250 \times 10^3 \times 0.01 \times 10^{-6} = 64$ ms

IC2 输出信号计算公式如下：

条件：R3 = 1.5 kΩ、R4 = 15 kΩ、C3 = 1 000 pF

$$TL = 0.69 \times R3 \times C = 0.69 \times 15 \times 10^3 \times 1\ 000 \times 10^{-12} = 10\ \mu s$$

$$TH = 0.69 \times (R3 + R4) \times C = 0.69 \times 16.5 \times 10^3 \times 1\ 000 \times 10^{-12} = 11\ \mu s$$

$$f = 1/(TL + TH) = 1/((10.35 + 11.39) \times 10^{-6}) = 46.0\ kHz$$

IC3 组成超声波换能器驱动电路，其工作电路如图 5-30 所示，驱动电路主要由五个非门组成，由于直接输出的电压信号时，电流很小，会导致功率不够无法正常驱动超声波传感器，为了使超声波传感器的输出功率达到最大，增加输出功率，使传感器的灵敏度达到最高。分别使用两个非门在正向及反相端并联，增大驱动电流。

发射模块中主要使用了 555、4069 两块芯片和超声波换能器，如 T40-16。555 作为使用最为普遍的定时振荡器，自从其于 1971 年由 Signetics Corporation 发布后，在以后 30 年来被大量使用，并且延伸出相当多的应用电路，超声波发射电路还可以使用比较先进的基于 CMOS 技术的 Timer IC 如 MOTORLA 的 MC1455 等。

2. 超声波接收电路

超声波接收电路包括超声波接收头和

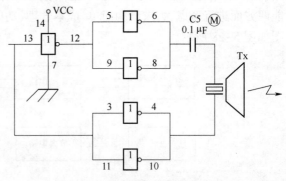

图 5-30　超声波换能器驱动电路

NJM4580D 芯片组成超声波信号的检测和放大电路。反射回来的超声波信号经放大器 4580 的 2 级放大 1 000 倍（60 dB），第 1 级放大 100 倍（40 dB），第 2 级放大 10 倍（20 dB）。由于一般的运算放大器需要正、负对称电源，而该装置电源用的是单电源（9 V）供电，为保证其可靠工作，这里用 R10 和 R11 进行分压，这时在 4580 的同相端有 4.5 V 的中点电压，这样可以保证放大的交流信号的质量，不至于产生信号失真，其电路连接如图 5-31 所示。

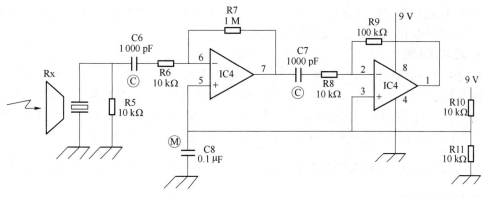

图 5-31　反射信号放大电路连接图

由 Ra、Rb、IC5(LM358)组成信号比较电路,对放大后的模拟信号进行比较输出,得到较为完美的高低电平信号。电路连接如图 5-32 所示。

其中:Vrf = (Rb×Vcc)/(Ra+Rb) = (47 kΩ×9 V)/(1 MΩ+47 kΩ) = 0.4 V

所以当 A 点(IC5 的反相端)过来的脉冲信号电压高于 0.4 V 时,B 点电压将由高电平"1"到低电平"0"。同时注意到在 IC5 的同相端接有电容 C 和二极管 D,这是用来防止误检测而设置的。

预测量距离,必须先标记超声波的传输时间,即第一段超声波的发送时间 t_1 和第一段超声波被接收检测到的时间 t_2。时间测量电路有很多种,以图 5-33 为例,第一个脉冲为超声波发射脉冲,第二个为经过放大处理后得到的脉冲信号,在忽略电路处理时间的误差许可下,认为这两个脉冲的时间间隔即为超声波传输的时间,波形如图 5-33 所示。可以利用门电路实现,也可以结合单片机以及其他可编程器件实现计时处理。

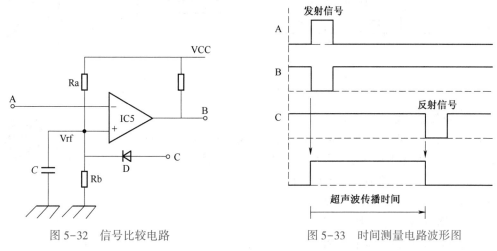

图 5-32　信号比较电路　　　　　　　图 5-33　时间测量电路波形图

通过超声波发送和接收电路,结合数字门电路或是单片机以及其他可编程器件,再通过显示器,实现超声波的发送、检测、时间运算处理到最终的距离显示。

三、超声波传感器的应用

超声波器件应用较广泛,用于传感的如追踪通信装置、各种防盗装置、超声波探伤仪、超声波测厚仪、超声波物位仪流量计,以及超声波的其他方面运用如超声波洗涤机、超声波加湿器、超声波治疗仪、驱虫装置、超方向性喇叭等。

1. 超声波测厚

用超声波测量金属零件的厚度,具有测量精度高、操作简单、可连续自动检测等优点。超声波测厚常用脉冲回波法。此方法的工作原理如图所示。超声波探头与被测物体表面接触,主控制器用一定频率的脉冲信号激励压电式探头,使之产生重复的超声波脉冲。脉冲被传到被测工件另一方面时被反射回来,被同一探头接收。如果超声波在工件中的声速 c 是已知的,设工件厚度为 d,脉冲波被从发射到接收的时间间隔 Δt 可以测量,因此可求出工件厚度为 $d = \dfrac{c\Delta t}{2}$。

2. 超声波测物位

将存于各种容器内的液体表面高度及所在的位置称为液位,固体颗粒、粉料、块料的高度或表面所在位置称为料位,二者统称为物位。超声波测物位属于非接触连续测量,安装方便,不受被测介质影响。在物位仪表中越来越受到重视。如图 5-34 为脉冲回波式测量液位的工作原理图。探头发出的超声波脉冲通过介质到达液面,经液面发射后又被探头接收。测量发射与接收超声脉冲的时间间隔和介质中的传播速度,即可求探头与液面之间的距离。

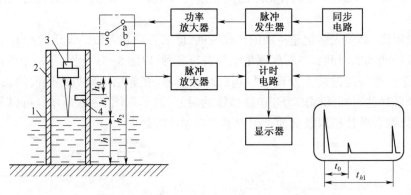

图 5-34 脉冲回波式测量液位工作原理

1—液面;2—管壁;3—探头;4—安全挡板;5—发送接收转换开关。

3. 超声波测流量

超声流量计的形式有七八种,但在工业上常用的主要有两种,一种是传播时间差式,一种是多普勒式,这两种流量计都用于液体。基于传播时间差原理的流量计可用于干净的液体,对于含有微粒的液体则可采用多普勒反射式流量计,这是因为信号反射正需要微粒物质。

文丘里流量计

(1)传播时间式的超声流量计

声波在流动着的液体中传播时,如顺流方向传播,则声波的速度会增大,当逆流方向传播时,则声波的速度会减小,从而有不同的传播时间。这种流量计正是根据这样一个基本的物理现象而工作的。通过测量两种不同的传播时间,就可以推算管道中流体的流速。在工程实际中,为了更好地估算平均流速和平均体积流量,采用的传声通道已多达四个。

这种超声流量传感器的工作原理如图 5-35 所示,超声波脉冲由装在管道上游的电压式发射器发出。这种脉冲以声速通过液体,由装载下游的接收器检出,实际上,这里上游的

发射器 TR_1 和下游的接收器 TR_2 是轮流交替地被用作发射器和接收器的,通过一个转换开关可以把超声波的传播途径倒过来。

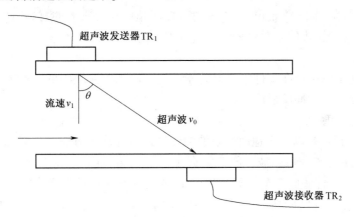

图 5-35　超声流量传感器的工作原理

（2）多普勒式超声流量计

这种流量计是利用流体中的散射体（微粒物质）对声能的反射原理工作的,即将超声波射束放射于与同一速度流动的微粒子,并由接收器接收从微粒子反射回来的超声波信号,通过测量多普勒频移来求出流速,从而求出体积流量。可以用发射器本身,寄同一个换能器作接收器,也可以用另一个单独的换能器作接收器。

因为多普勒超声流量计是利用频率来测量流速的,故不易受信号接收波振幅变化的影响,即使是含有大量杂质的流体也能测量,适合测量比较脏污的流体。与超声波传输时间差的测量方式相比,其最大的特点是相对于流速变化的灵敏非常之大。

转子流量计

工业用超声波流量计是按照一个总体的系统设计的。一次装置包括两个或两个以上的换能器,一种方案是将它们永久地装在一段短管上;另一种方案是将它们固定在现有的工艺管道上。二次装置的功能是进行时间或频率的测量、数据处理、进行雷诺数据校正或其他校正的运算并输出标准信号。

4. 超声波探伤

（1）透射式

透射式探伤是根据超声波穿透工件后能量的变化状况来判断工件内部质量的方法。透射法将两个探头分别置于工件相对两面,一个发射声波,一个接收声波。发射波可以是连续波,也可以是脉冲,其结构如图 5-36 所示。

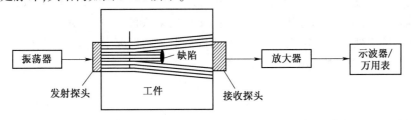

图 5-36　超声波透射式探伤

当工件内无缺陷时,接收能量大,输出电压大;当工件内部有缺陷时,因部分能量被反射,接收能量小,输出电压小。根据能量的变化可判断有无缺陷。但是此法探测灵敏度较低,不能发现小缺陷,且不能定位,此方法适宜探测超声波衰减大的材料,适宜探测薄板。另外,透射式探伤对两探头的相对距离和位置要求较高。

（2）反射式

反射式探伤是以声波在工件中反射后能量的不同来探测缺陷的。反射式探伤可分为一次脉冲反射法和多次脉冲反射法。

①一次脉冲反射。

如图 5-37 所示,是以一次地面反射波为依据进行探伤的方法。高频脉冲发生器产生脉冲加在探头上,使它产生超声波。超声波向工件内部传播时,一部分遇到缺陷 F 被反射回来,另一部分传至工件底面 B 后也被反射回来,都被探头接收后又变为电压脉冲。反射波 T、缺陷波 F 以及底波 B 被放大后,在荧光屏上显示出来。荧光屏上的水平亮线为扫描线,其长度与时间成正比。由发射波、缺陷波以及底波在扫描线上的位置,可求出缺陷的位置。由缺陷波的幅值,可判断缺陷大小;由缺陷波的开头可分析缺陷波的性质,当缺陷截面积大于声束截面即使,声波全部由缺陷处反射回来;荧光屏上只有 T 波、F 波,没有 B 波。当工件无缺陷时,荧光屏上只有 T、B 波,没有 F 波。

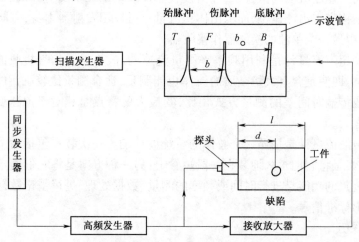

图 5-37　超声波反射式探伤

②多次反射。

多次脉冲反射法是以多次底波为依据进行探伤的方法。声波有底部反射回探头时,一部分声波被探头接收,另一部分有折射回底部,这样往复反射,直至声能衰减为止。若工件中无缺陷,则荧光屏上出现呈指数曲线递减的多次反射底波,如图所示。当工件内有吸收性缺陷时声波在缺陷处的衰减很大,底波反射的次数减少,甚至消失,以此判断有无缺陷,当工件为板材时,一般常用多次脉冲反射法探测。

任务实施

1. 超声波测距仪的工作原理

超声波测距的方法有很多,例如,相位检测、声波幅值和渡越时间等检测方法。这几种检测方法各有优缺点,相位检测法相对其他方法精度高,但是检测范围较小,不能应用与长距离检测,声波幅值检测法对反射波要求较高。所以通常条件下渡越时间检测方法是最为常用的超声波测距方法,在超声波检测技术中,最主要的是利用了超声波反射、折射、衰减等物理特征来实现检验。渡越时间检测法基本的工作原理是:超声波换能器由脉冲信号产生超声波,通过介质传播到被测物体,形成反射波;超声波传感器检测到反射波,并由传感器把声波信号转换为电信号,再通过逻辑计算出超声波在介质中传播的距离,利用公式:

$$s = vt/2 \tag{5-21}$$

就可以确定超声波检测设备到前方物体之间的距离。超声波传感器又分为自发自收传感器和只有单独的发射或接收功能的传感器。本文采用的是一发一收的双传感器的设计,传播介质为空气,超声波测距原理如图 5-38 所示。

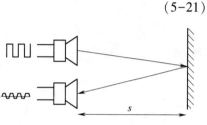

图 5-38 超声波测距原理

超声波发射器向某一方向发射超声波,在发射时刻的同时开始计时,超声波在空气中传播,途中碰到障碍物就立即返回来,超声波接收器收到反射波就立即停止计时。超声波在空气中的传播速度为 340 m/s,根据计时器记录的时间 t,就可以计算出发射点距障碍物的距离(s),即:$s = 340t/2$。超声波探头为 T/R-40 系列超声波传感器,通常我们又称之为换能器。此类传感器的敏感元件为压电材料,最适用于防盗报警和遥控使用。本次实验我们选择 T/R-40-16 的固有频率为 40 kHz,所以超声波驱动电路的频率应尽量接近 40 kHz。但电路产生的脉冲信号会受到周围环境温度和自身放热导致的温度变化的影响,所以设计中采用了可调脉冲频率的方式来抵消这种影响,使驱动电路的频率尽量接近超声波换能器的固有频率。

如图 5-39 所示,为超声波测距仪的电路原理图,通过发射电路产生频率为 46 kHz 的超声波。电路中利用 555 触发器产生 46 kHz 的方波信号,经过反相器的实现功率放大,增大驱动电流导致压电晶体振动发射超声波。接收端通过压电晶体接收超声波,采用两级放大将压电晶体两端输出电压放大 1 000 倍,再通过信号比较电路实现高电平"1"和低电平"0"输出。计时电路由 R-S 触发器构成,在发出检测脉冲时(12 脚为高电平),10 脚输出高电平,当收到反射回来的检测脉冲时,13 脚由高变低,此时 10 脚变为低电平,故输出端 11 脚的高电平时间即为测试脉冲往返时间。计数电路的输入信号两个信号,一个是前面的脉冲信号往返时间一个是频率为 17.2 kHz 的方波信号,这个频率如何计算得来具体前面已经讲解过。最后通过 4553 计数芯片和 4511 译码芯片,完成距离的译码和显示。

2. 元器件清单

超声波测距仪元器件清单如表 5-3 所示。

3. 电路调试过程及注意点

①本次试验因为电路较为复杂,所以我们采用分模块实现,每完成一个模块,用信号激励结合示波器和电压表对电路中的节点电压高低频率以及大小进行校验,与我们的理论值进行比对。确保每一模块功能无误后,实现整体线路调试。

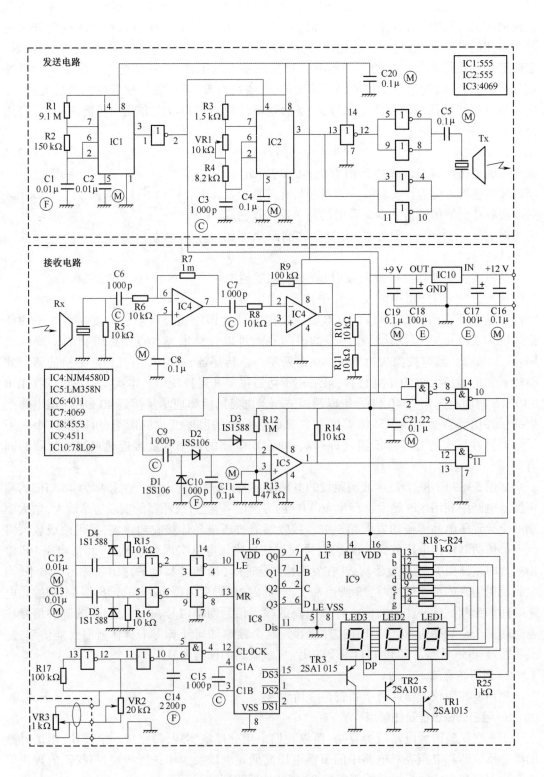

图 5-39 超声波测距仪电路原理图

表 5-3　超声波测距仪元器件清单

序号	元件名称	元件标识	元件型号与参数	元件数量	序号	元件名称	元件标识	元件型号与参数	元件数量
1	电阻	R1	9.1 MΩ	1	16	电容	C14	2200pF	1
2	电阻	R2	150 kΩ	1	17	电容	C17 C18	100 μF	2
3	电阻	R3	1.5 kΩ	1	18	二极管	D1 D2	1S106	2
4	电阻	R4	8.2 kΩ	1	19	二极管	D3 D4 D5	1S1588	3
5	电阻	R5、R6、R8、R10 R11 R14 R15 R16	10 kΩ+10 kΩ	8	20	三极管	TR1 TR2 TR3	2SA1015	3
6	电阻	R7、R12	1 MΩ	2	21	触发器	IC1 IC2	555	2
7	电阻	R9、R17	100 kΩ	2	22	反相器	IC3	4069	1
8	电阻	R13	47 kΩ	1	23	运算放大器	IC4	NJM45800	1
9	电阻	R18-R24 R25	1 kΩ	8	24	运算放大器	IC5	LM358N	1
10	电阻	VR1	10 kΩ	1	25	与非门电路	IC6	4011	1
11	电阻	VR2	20 kΩ	1	26	反相器	IC7	4069	1
12	电阻	VR3	1 kΩ	1	27	BCD 扫描计数器	IC8	4553	1
13	电容	C1 C12 C13	0.01 μF	3	28	译码器	IC9	4511	1
14	电容	C2 C4 C5 C8 C11 C16 C19	0.1 μF	7	29	稳压源	IC10	78L09	1
15	电容	C3 C6 C7 C9 C10 C15	1 000 pF	6	30	数码晶体管	LED1 LED2 LED3		3
16	二极管	D3 D4 D5	1S1588	3	31	压电晶体	T/R-40-16	Tx	2
17	三极管	TR1 TR2 TR3	2SA1015	3	32				

②6 脚接示波器,调节电阻器阻值大小,得到相应频率值,如 T＝20℃时,频率为 17.2 kHz。其他温度根据实际情况定。

③上电之前检查电路是否短路,准确无误后上电测试。

任务评价

本任务的考核原则仍然通过"过程考核和综合考核相结合,理论和实际考核相结合,教师评价和学生自评、互评相结合"的原则,实行过程监控的考核体系。表 5-4 有本任务中需要考核的内容及要求、所占的分值等,在具体评价时各位老师可根据需要确定评价考核的方式。

表5-4　超声波测距仪评价表

考核项目	考核内容及要求	分值	学生自评	小组评分	教师评分
学习内容掌握情况	1)完成电路图的绘制； 2)能分析、选择、正确使用元器件； 3)能分析电路工作原理	25			
电路制作	1)能详细列出元件、工具、耗材及使用仪器仪表清单； 2)能制定详细的实施流程与电路调试步骤； 3)电路板设计制作合理，元器件布局合理，焊接规范； 4)能正确使用仪器仪表	25			
电路调试	1)能正确调试超声波测距仪，实现一定准确度的测量； 2)能正确判断电路故障原因并及时排除故障	15			
项目报告完成情况	1)语言表达准确、逻辑性强； 2)格式标准，内容充实、完整； 3)有详细的项目分析、制作调试过程及数据记录	15			
职业素养	1)学习、工作积极主动、遵时守纪； 2)团结协作精神好； 3)踏实勤奋、严谨求实	10			
安全文明生产	1)严格遵守实习生产操作规程； 2)安全生产，无事故	10			
总　分					

项目总结

本项目我们完成了两个任务，一个基于电容的液位检测传感器和基于超声波的距离检测传感器，分别讲解了电容和超声波的检测原理，并完成了检测电路的制作与调试。电容液位检测利用了放大器实现振荡信号的发生调制，将电容转换成电压输出，再由比较电路和指示灯完成相应信号的指示，最终实现液位的传感检测。超声波传感器则是利用555触发器生成方波，再利用换能器——压电晶体实现超声波的发送，遇到障碍物反射被压电晶体接收再通过电路放大、比较、计时、计数和显示，从而实现距离的检测。本项目中电路板的调试是一个难点，因为电路较为庞大，期间电容的使用是一个难点，在调试过程中一定要关注调试的注意点，细心仔细的完成调试。

习题与拓展训练

1. 电容的检测原理有哪几类？分别适用于什么场合？
2. 论述电容液位检测传感器的检测原理。
3. 超声波探头有哪些材料？
4. 超声波的运用有哪些？
5. 试画出超声波测距的系统框图，解读超声波测距的原理图各模块的功能。
6. 影响超声波测距的准确性有哪些因素？如何提高超声波测距仪的准确性？

项目六

磁学量传感器的应用

项目描述

磁学量传感器是使用得较早的一种传感器,指南针便是最古老的磁敏传感器。磁学量传感器具有结构简单、工作可靠、寿命长、适用范围广等特点,因此得到广泛的应用。霍尔传感器就是利用霍尔元件的一种磁学量传感器,在无刷直流电动机电子转换电路中得到使用,能够确保换向准确,实现自动控制。

知识目标

1. 了解霍尔效应、磁阻效应的概念。
2. 熟悉霍尔传感器、磁敏电阻、磁敏二极管、磁敏三极管的特点。
3. 掌握霍尔元件的连接方法。
4. 分析由霍尔传感器组成检测系统的工作原理。
5. 分析由磁敏元件组成的检测系统的工作原理。

技能目标

1. 能够选择合适的元器件制作霍尔测速仪并完成其电路调试。
2. 能够选择合适的元器件制作计数器并完成其电路调试。

任务一 霍尔测速仪的组装与调试

任务要求

旋转机械的转速是一个极其重要的特性参数,不同的测试对象、场合可以采用各种不同的测试方法,应用各种不同的传感器。它的形式是多种多样的,测量的精度也各不一样,其中霍尔传感器在这方面有着相当广泛的应用,本任务就是利用霍尔传感器进行转速的测量完成霍尔测速仪的组装与调试。

知识储备

一、认识磁学量传感器

磁学量传感器是把磁场、电流、应力应变、温度、光等引起敏感元件磁性能的变化转换成电信号,以这种方式来检测相应物理量的器件。磁学量传感器可分为两大类:一类是基于铁芯线圈电磁感应原理的磁电感应式传感器,另一类是基于半导体材料磁敏效应的磁敏传感器,其外形图如图6-1所示。

图6-1　磁学量传感器的外形图

　　磁学量传感器的工作原理是当电流通过线圈时,在线圈周围产生磁场,若线圈中的磁通量发生变化,则线圈产生感应电动势,这就是磁电效应。因此,线圈是将磁量变成电量的最简单的磁电转换元件。如果将磁场加到半导体材料上,材料的电性质就发生改变。凡是利用磁电效应构成的传感器称为磁电式传感器或磁敏传感器。半导体磁敏传感器是半导体传感器的一种,如霍尔元件、磁阻元件、磁抗元件、磁敏二极管和磁敏三极管。

二、霍尔传感器

　　霍尔传感器是基于霍尔效应的一种传感器,是目前应用最为广泛的一种磁电式传感器。它可以用来检测磁场、微位移、转速、流量、角度,也可以制作高斯计、电流表、接近开关等。霍尔传感器有霍尔元件和霍尔集成电路两种类型,其外形图如图6-2所示。

（a）霍尔元件　　　　　　（b）霍尔接近开关　　　　　　（c）霍尔电流传感器

图6-2　霍尔传感器的外形图

1. 霍尔效应

　　在半导体上外加与电流方向垂直的磁场,如图6-3所示,会使得半导体中的电子与空穴受到不同方向的洛伦兹力而在不同方向上聚集,在聚集起来的电子与空穴之间会产生电场,电场力与洛伦兹力产生平衡之后,不再聚集,此时电场将会使后来的电子和空穴受到电场力的作用而平衡磁场对其产生的洛伦兹力,使得后来的电子和空穴能顺利通过不会偏移,这种现象称为霍尔效应,而产生的内

霍尔效应

建电压称为霍尔电压。

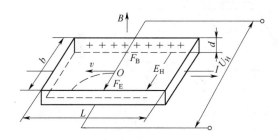

图 6-3 霍尔效应原理图

为方便起见,假设导体为一个长方体,长度为 l,宽度为 b,厚度为 d,位于磁感应强度为 B 的磁场中,B 垂直于 l-b 平面,沿 l 通电流 I,半导体的载流子将受到 B 产生的洛伦兹力 F_B 的作用:

$$F_B = evB \tag{6-1}$$

式中,e 为电子的电量,$e = 1.602 \times 10^{-19}$ C;v 为半导体中电子的运动速度,其方向与外电路 I 的方向相反,在讨论霍尔效应时,假设所有电子载流子的运动速度相同。

在力 F_B 的作用下,电子向半导体片的一个侧面偏转,在该侧面上形成电子的积累,而在相对的另一面上因缺少电子而出现等量的正电荷。在这两个侧面上产生霍尔电场 E_H。该电场使运动电子受电场力 F_E:

$$F_E = eE_H \tag{6-2}$$

电场力阻止电子继续向原侧面积累,当电子所受的电场力和洛伦兹力相等时,电荷的积累达到动态平衡,由于存在 E_H,半导体片两侧面间出现电位差 U_H,称为霍尔电势,即

$$U_H = \frac{R_H}{d}IB = K_H IB \tag{6-3}$$

式中,R_H 为霍尔系数;K_H 为霍尔元件的灵敏度。

由式(6-3)可知,霍尔电势正比于激励电流及磁感应强度,灵敏度与霍尔常数 R_H 成正比,与霍尔片厚度 d 成反比。

式(6-3)中的霍尔系数 $R_H = u\rho$,等于霍尔片材料的电阻率与电子迁移率 u 的乘积。故霍尔效应强,则 R_H 值要大,要求霍尔片材料有较大的电阻率和载流子迁移率。金属材料载流子迁移率高,电阻率小;绝缘材料电阻率极高,载流子迁移率极低;只有半导体材料适于制造霍尔片。

2. 霍尔元件

(1)霍尔元件

霍尔元件的外形结构示意图如图 6-4(a)所示,霍尔片是从薄片半导体的基片上的两个垂直的方向上的侧面引出一对电极,其中 1、1' 两个电极用于控制电流,称为控制电极;2、2' 两个电极用于引出霍尔电动势,称为输出电极。霍尔元件的壳体由非导磁金属、陶瓷或环氧树

脂封装而成。在电路中,霍尔元件可用两种符号表示,如图 6-4(b)所示。

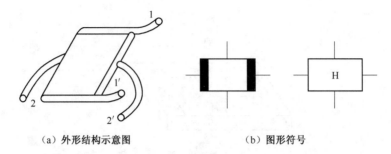

（a）外形结构示意图　　　　　　　　（b）图形符号

图 6-4　霍尔元件

（2）霍尔元件测量电路

霍尔元件的基本测量电路如图 6-5 所示,在霍尔元件的四根引线中的其中两端加激励电源 E,产生控制电流 I,其大小可以用 R 来调节;负载 R_L,磁场 B 与元件面垂直(向里)。实际测量中可把 IB 作为输入,也可把 I 或 B 单独作为输入,通过霍尔电势输出测量结果。输出 U_o 与 I 或 B 成正比关系。

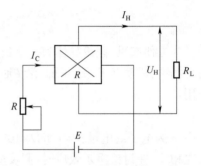

3. 霍尔集成传感器

图 6-5　霍尔元件的基本测量电路

用集成电路技术,将霍尔元件、放大器、温度补偿电路、施密特触发器和稳压电源等电路集成在一个芯片上,就构成了霍尔集成传感器。按照输出信号的形式分有开关型和线性型两种。

（1）开关型霍尔集成传感器

由霍尔元件、放大器、施密特触发器、输出晶体管和稳压电源等组成,如图 6-6(a)所示。开关型霍尔集成传感器具有开关特性,但导通磁感应强度和截止磁感应强度之间存在滞后效应,如图 6-6(b)所示,这一特性大大增强了电路的抗干扰能力,保证了开关动作稳定,不产生振荡现象。

霍尔效应传感器

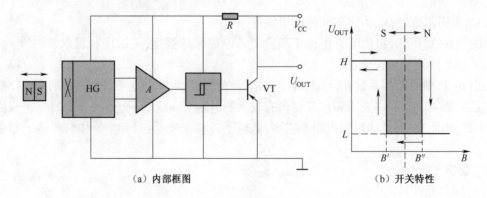

（a）内部框图　　　　　　　　　（b）开关特性

图 6-6　开关型霍尔集成传感器

（2）线性型霍尔集成传感器

线性型霍尔集成传感器的特点是输出电压与外加的磁感应强度 B 成线性关系,内部框图和输出特性如图 6-7 所示,线性霍尔集成传感器由霍尔元件 HG、放大器 A、差动输出电路 D 和稳压电源 R 等组成。图 6-7(b) 是输出特性曲线,在一定范围内输出特性为线性,线性中的平衡点相当于 N 和 S 磁极的平衡点。

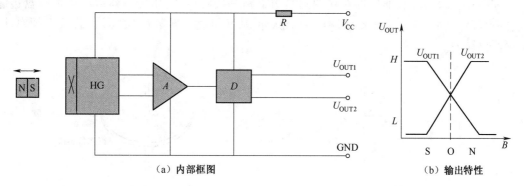

图 6-7　线性型霍尔集成传感器

三、霍尔传感器的应用

霍尔传感器的应用按被检测对象的性质可分为直接应用和间接应用。前者是直接检测受检对象本身的磁场或磁特性,后者是检测受检对象上人为设置的磁场,这个磁场是被检测的信息的载体,通过它,将许多非电、非磁的物理量,例如速度、加速度、角度、角速度、转数、转速以及工作状态发生变化的时间等,转换成电学量来进行检测和控制。

线性型霍尔传感器主要用于电流、位移、拉力等物理量的测量;开关型霍尔传感器主要用于转速、风速、流速等的测量。

1. 电流的测量

由于通电螺线管内部存在磁场,其大小与导线中的电流成正比,可以利用霍尔传感器测量出磁场,从而确定导线中电流的大小。利用这一原理制成的霍尔电流传感器,如图 6-8 所示。标准圆环铁芯有一个缺口,用于安置霍尔元件,圆环上绕有线圈,当检测电流通过线圈时产生磁场,霍尔传感器就会有信号输出。其优点是不与被测电路发生电接触,不影响被测电路,不消耗被测电源的功率,特别适合于大电流传感。

2. 位移的测量

霍尔传感器测量位移的工作原理如图 6-9 所示,两块永久磁铁同极性相对放置,将线性型霍尔传感器置于中间,其磁感应强度为零,这个点可作为位移的零点,当霍尔传感器在 Z 轴上作 ΔZ 位移时,传感器有电压输出,电压的大小与位移量成正比。

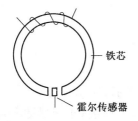

图 6-8　霍尔电流传感器

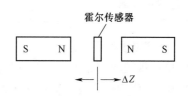

图 6-9　霍尔传感器测量位移的工作原理

如果把拉力、压力等参数变成位移,便可测出拉力及压力的大小,图 6-10 所示是按这一原理制成的力传感器。

3. 测转速或转数

如图 6-11 所示,在非磁性材料的圆盘边上粘一块磁钢,霍尔传感器放在靠近圆盘边缘处,圆盘旋转一周,霍尔传感器就输出一个脉冲,从而可测出转数(计数器),若接入频率计,便可测出转速。

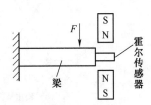

图 6-10 霍尔传感器测力

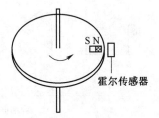

图 6-11 霍尔传感器测转速

如果把开关型霍尔传感器按预定位置有规律地布置在轨道上,当装在运动车辆上的永磁体经过它时,可以从测量电路上测得脉冲信号。根据脉冲信号的分布可以测出车辆的运动速度。

📌 任务实施

1. 霍尔测速仪工作原理

霍尔测速仪测速时,霍尔元件安装在转动源上,如图 6-12 所示。霍尔测速仪原理图如图 6-13 所示。利用霍尔效应,表达式为 $U_H = K_H IB$,当被测圆盘上装上 N 只磁性体时,转盘每转一周磁场变化 N 次,每转一周霍尔电势就同频率相应变化,输出电势通过放大、整形后送入 CD4011 与非门(前一部分由转动源模块完成)。NE555 定时

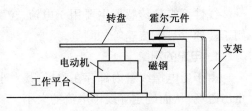

图 6-12 转动源

器(IC1)构成的单稳态触发器产生 1 s 定时时间送入到 CD40110 与非门另一个引脚。这样,与非门的输出就是 1 s 时间内霍尔传感器的检测信号。

CD40110 相关知识

霍尔输出信号通过两个与非门进入十进制计数器计数,计数器的计数结果,就是 1s 内转动源转动由霍尔元件检测产生脉冲的个数,用它除以被测圆盘上的磁性体个数 N 就可以知道霍尔传感器在 1 s 内电动机的转了多少圈。其中 C3,R6 构成微分电路,完成自动清零功能。

2. 元器件清单

霍尔测速仪的元器件清单如表 6-1 所示。

3. 电路调试过程及注意点

(1)检查焊接的电路板是否存在短路、漏焊、虚焊情况,若有,应及时更正。

(2)校准:使用信号发生器产生 500 Hz 的方波信号并接入焊接好的电路板,电路板通电后,按下自锁开关 S1,观察数码管示数是否为 500,如果不是,再次按下自锁开关 S1(清零的

作用,重新产生 1 s 的高电平),接着顺时针调整变阻器 RP1,观察数码管示数增大还是减小,直至调整到数码管显示与信号发生器输出数据一致为止。

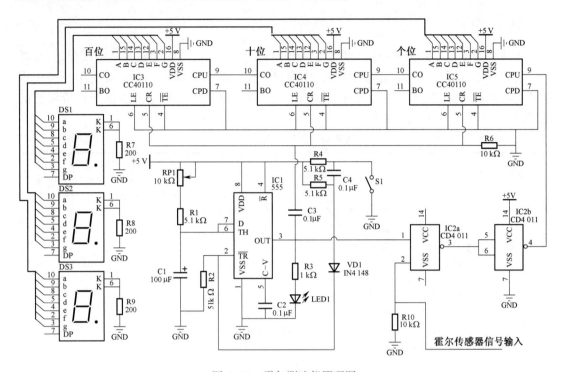

图 6-13 霍尔测速仪原理图

表 6-1 霍尔测速仪的元器件清单

序号	元件名称	元件标识	元件型号与参数	元件数量
1	电阻	R1,R4,R5	5.1 kΩ	3
2	电阻	R2	51 kΩ	1
3	电阻	R3	1 kΩ	1
4	电阻	R6,R10	10 kΩ	2
5	电阻	R7,R8,R9	200 Ω	3
6	电容	C2,C3,C4	104	3
7	电解电容	C1	100 μF/50 V	1
8	电阻	RP1	103	1
9	集成芯片	IC1	NE555P	1
10	集成芯片	IC2	CD4011	1
11	集成芯片	IC3,IC4,IC5	CD40110	3
12	共阴数码管	DS1,DS2,DS3	5611AS	3
13	按钮开关	S1	6.3×6.3	1
14	LED 指示灯	LED1	红色	1

（3）撤掉信号发生器信号，接入霍尔传感器信号，并测得数据。

（4）电动机转速=测得数据量/6（该电动机转速为电动机 1 s 内的转速）。

**任务评价**

本项目的考核原则仍然通过"过程考核和综合考核相结合，理论和实际考核相结合，教师评价和学生自评、互评相结合"的原则，实行过程监控的考核体系。表 6-2 有本任务中需要考核的内容及要求、所占的分值等，在具体评价时各位教师可根据需要确定评价考核的方式。

表 6-2　霍尔测速仪评价表

考核项目	考核内容及要求	分值	学生自评	小组评分	教师评分
学习内容掌握情况	1）能正确识别霍尔元件、共阴数码管、二极管、三极管、电阻及电容等电子元器件； 2）能分析、选择、正确使用上述元器件； 3）能分析霍尔测速仪的工作原理	25			
电路制作	1）能详细列出元件、工具、耗材及使用仪器仪表清单； 2）能制定详细的实施流程与安装调试步骤； 3）电路板设计制作合理，元器件布局合理，焊接规范； 4）能正确使用仪器仪表	25			
电路调试	1）能对霍尔测速仪进行校准； 2）能正确判断电路故障原因并及时排除故障	15			
项目报告书完成情况	1）语言表达准确、逻辑性强； 2）格式标准，内容充实、完整； 3）有详细的项目分析、制作调试过程及数据记录	15			
职业素养	1）学习、工作积极主动，遵时守纪； 2）团结协作精神好； 3）踏实勤奋、严谨求实	10			
安全文明操作	1）严格遵守操作规程； 2）安全操作，无事故	10			
总　分					

任务二　计数器的组装与调试

任务要求

在现代化生产车间，例如，传动带机、输送机、装车机、装船机，以及生产线上的产品出库、入库、装车过程中都需要计数、累计产品数量，计数器都能做到。基于磁阻元件的计数器,能够对磁钢等金属元件进行计数,能够对涡轮转速,液体流量等进行检测。本任务要求完成一个简易的磁阻元件计数器的组装与调试。

知识储备

一、磁敏元件

1. 磁敏电阻

（1）磁阻效应

磁阻效应将一个载流导体位于外磁场中,除了会产生霍尔效应以外,其电阻值也会随着磁场而变化,这种现象称为磁电阻效应,简称为磁阻效应。磁阻效应是伴随着霍尔效应同时发生的一种物理效应,磁敏电阻就是利用磁阻效应制作成的一种磁敏元件。

当温度恒定,在弱磁场范围内,磁阻与磁感应强度 B 的二次方成正比。如果器件只有在电子参与导电的简单情况下,理论推导出来的磁阻效应方程为

$$\rho_B = \rho_0(1 + 0.273\mu^2 B^2) \tag{6-4}$$

半导体中仅存在一种载流子时,磁阻效应很弱;若同时存在两种载流子,则磁阻效应很强。迁移率越高的材料磁阻效应越明显。材料的电阻率增加是因为电流的流动路径因磁场的作用而加长所致。

（2）磁敏电阻

磁敏电阻的磁阻效应除了和材料有关外,还和磁敏电阻的形状有关。在恒定磁感应强度下,磁敏电阻的长度 l 和宽度 b 的比值越小,电阻率的相对变化就越大。长方形磁阻器件只有在 $l<b$ 的条件下,才表现出较高的灵敏度。在实际制作磁阻元件时,需要在 $l>b$ 的长方形磁阻材料上面制作许多平行等间距的金属条(短路栅格),用来短路霍尔电势。但长方形磁阻器件电阻值变化较小,只有 10%。而圆盘形结构的磁阻效应远远大于长方形结构,故大多数磁敏电阻制作成圆盘结构,常见的磁敏电阻如图 6-14 所示。

2. 磁敏二极管

磁敏二极管是继霍尔元件和磁敏电阻之后发展起来的一种新型磁电转换元件。它具有体积小、磁灵敏度高的优点,可以广泛应用于磁场检测、自动磁力探伤、工业自动化和电子技术等领域。

（1）磁敏二极管的结构

磁敏二极管是采用本征导电高纯度锗(Ge)制成的,这种二极管的结构是 P^+-i-N^+ 型二极管如图 6-15 所示。在高纯度锗的两端做成 P 型和 N 型区域,i 区是本征高纯锗,i 区长度要取 L(载流子的扩散长度)的数倍,在一侧面制成(扩散杂质或喷砂)高复合区域,一般称为 r 区。凡是进入 r 区的载流子,都将因复合作用而消失,不在参与电流的传输作用。

（2）磁敏二极管的工作原理

当对磁敏二极管加正向偏置时,即(P 端接电源正极,N 端接电源负极),在外加电压作用下 P 端和 N 端接合处的载流子双重注入,这两种载流子是从 P 区注入 i 区的空穴和 N 区注入 i 区的电子组成的。

①在没有磁场的情况下,大部分空穴和电子分别流入 N 区和 P 区而产生电流,仅有很小

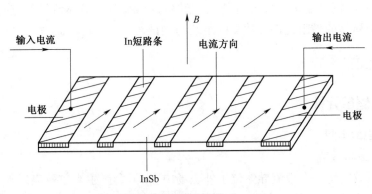

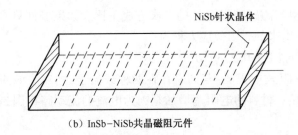

（a）矩形栅格型磁阻元件

（b）InSb-NiSb共晶磁阻元件

（c）圆盘形磁阻器

图 6-14　常见的磁敏电阻

部分电子和空穴在 i 区复合掉,如图 6-16(a)所示。

　　②当在磁敏二极管上加上一个正磁场(用 $B+$ 表示),如图 6-16(b)所示,电子和空穴均偏向 r 区,在 r 区电子和空穴的复合速度加快,电子和空穴在 r 区很快就复合掉。因此,在磁场为 $B+$ 时,载流子的复合率比没有磁场时要大得多,这时 i 区的载流子密度便减小,i 区的电阻增加,电流也随之减小。从磁敏二极管的两端来看,电阻增加了。i 区的电阻增加,外部电阻分配在 i 区的电阻就增加,加在 Pi 结和Ni 结的电阻减小,进而使载流子的注入效率减小,控制载流子的注入量,逐渐使 i 区的电阻进一步增加,直到达到某种稳定状态。所以,在磁场为 $B+$ 时,磁敏二极管的灵敏度得到提高。

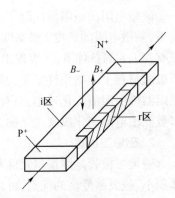

图 6-15　磁敏二极管结构

　　③当在磁敏二极管上加以反向磁场(用 $B-$ 表示)时,如图 6-16(c)所示,注入 i 区的电子和空穴在洛伦兹力作用下,都背向 r 区,向 r 区的对面偏转,复合减小,同时载流子继续注入 i 区,该区的载流子密度增加,电阻减小,电流增加,i 区的电压降减小,加在 Ni 结和 Pi 结的电压相应地增加,这将进一步促使载流子向 i 区注入,直到磁敏二极管的电阻减小到某一稳定状态为止。

　　磁敏二极管随磁场方向的变化产生正负电压,特别是在较弱的磁场下可获得较大的输出电压,这是同霍尔元件和磁敏电阻所不同的。对应于预先规定方向的磁场,可以得到与磁场大小成比例的电压变化。

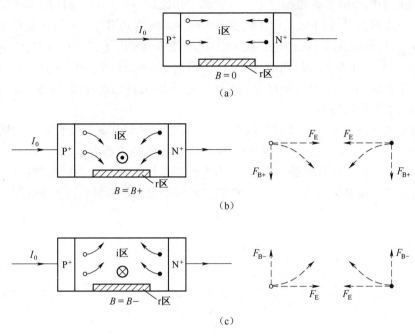

图 6-16　磁敏电阻工作原理示意图

3. 磁敏三极管

磁敏三极管的磁灵敏度比霍尔元件高一两个数量级。它具有温漂小、线性度好、稳定可靠等优点,尤其适用于某些需要高灵敏度的场合,比如地震探测。

(1)磁敏三极管的结构

磁敏三极管的结构如图 6-17(a)所示,将磁敏二极管原来的 N^+ 区的一端,改成在一端的上、下两侧各做一个 N^+ 区。与高复合面同侧的 N^+ 区为发射区,并引出发射极 e;对面一侧的 N^+ 区为集电区,并引出集电极 c;P^+ 为基极 b。图 6-17(b)为磁敏三极管的两种电路符号。

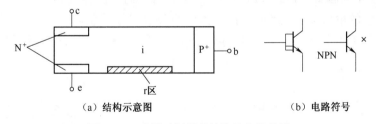

（a）结构示意图　　　　　　　（b）电路符号

图 6-17　磁敏三极管的结构及电路符号

(2)磁敏三极管的工作原理

图 6-18(a)为无外磁场作用时的情况。由于 i 区较长,从发射极 e 注入 i 区的电子在横向电场 u_{be} 的作用下,大部分和 i 区中的空穴复合形成基极电流,少部分电子到集电极形成集电极电流。显然,这时基极电流大于集电极电流。

图 6-18(b)为有外电场 B_+ 作用时的情况。从发射极注入 i 区的电子,除受横向电场 U_{be} 作用外,还受磁场洛伦兹力的作用,使其向复合区 r 方向偏转。结果使注入集电极的电子数和流入基区的电子数的比例发生变化,原来进入集电极的部分电子改为进入基区,使基极电

流增加,而集电极电流减少。根据磁敏三极管的工作原理,由于流过基区的电子要经过高复合区 r,载流子大量复合,使 i 区载流子浓度大大减少而成为高阻区。高阻区的存在又使发射结上电压减小,从而使注入 i 区的电子数大量减少,使集电极电流进一步减少。

图 6-18(c)给出了有外部反向磁场 B-的作用时的情况,在洛仑兹力的作用下,注入基区的电子向 C 极偏转,其工作过程正好和加上正向电场 B+时的情况相反,集电极电流 I_C 增加,而基极电流基本上仍保持不变。

由上面磁敏三极管的工作过程可以看出,其工作原理和磁敏二极管完全相同。无外界磁场作用时,由于 i 区较长,在横向电场作用下,发射极电流大部分形成基极电流,小部分形成集电极电流。在正向或反向磁场作用下,会引起集电极电流的减少或增加。因此,可以用磁场方向控制集电极电流的增加或减少,用磁场的强弱控制集电极电流的变化量。

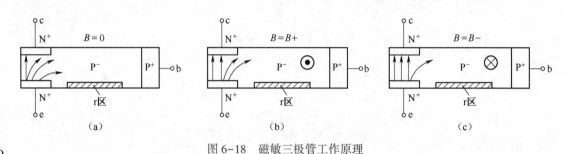

图 6-18　磁敏三极管工作原理

二、磁敏元件的应用

1. 磁敏电阻无触电开关

由于磁敏元件具有阻抗低、阻值随磁场变化率大、非接触式测量、频率响应好、动态范围广及噪声小等特点,可广泛应用于无触电开关、压力开关、旋转编码器等,如图 6-19 所示。

2. 磁敏二极管无刷直流电动机

图 6-20 所示为磁敏二极管无刷直流电动机工作原理。该电动机的转子为永久磁铁,当接通磁敏二极管的电源后,受到转子磁场作用的磁敏二极管就输出一个信号给控制电路。控制电路先接通定子上靠近转子磁极的电磁铁的线圈,电磁铁产生的磁场吸引或排斥转子

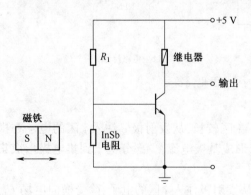

图 6-19　磁敏电阻无触电开关

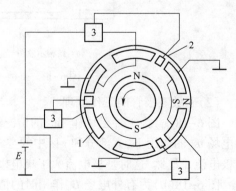

图 6-20　磁敏二极管无刷直流电机工作原理
1—定子线圈;2—磁敏二极管;3—开关电路。

的磁极,使转子旋转。当转子磁场按顺序作用于各磁敏二极管,磁敏二极管信号就顺序接通各定子线圈,定子线圈就产生旋转磁场,使转子不停地旋转。

3. 磁敏三极管扬声器

图 6-21(a)为磁敏三极管扬声器原理示意图,图 6-21(b)为磁敏扬声器原理示意图,将磁敏元件差分电路用环氧树脂贴在弹性膜片上,在其磁敏感面的相应位置上放置两块磁钢,并且使其输出信号,经前置放大器和音频放大器放大后,即可使扬声器放声。

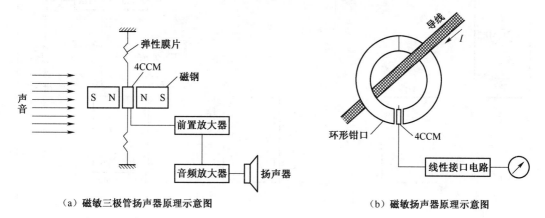

（a）磁敏三极管扬声器原理示意图　　　　　　　（b）磁敏扬声器原理示意图

图 6-21　磁敏三极管扬声器

任务实施

1. 计数器工作原理

基于磁阻元件的计数器电路原理图如图 6-22 所示。
本项目所采用的传感器是 InSb(锑化铟)半导体材料做成的磁阻元件,图 6-23 在其背面加了一偏置磁场,所以,当被检测铁磁性物质或磁钢经过其检测区域时,MR1 和 MR2 处的磁场先后增大从而导致 MR1 和 MR2 的阻值先后

计数器 74LS90

中规模译码
电路 CD4511

增大。如在①、③两端加电压$\pm V_{cc}$,则②端输出一正弦波。为了克服其温度特性不好的缺陷,采用两个磁阻元件串联以抵消其温度影响。

磁敏传感器输出信号放大后送给 555 定时器组成的施密特触发器进行整形,整形后的矩形波送给 74LS90 构成的十进制计数器,通过译码驱动 CD4511 在七段数码管上可显示 0~9 的数字。当有磁钢类物体每经过磁敏传感器一次,计数器加 1,达到计数的效果。后级的计数显示部分还可以扩展,以便计数 100 以内或者更大的数字显示。

2. 元器件清单

霍尔测速仪的元器件清单如表 6-3 所示。

3. 电路调试过程及注意点

(1)检查焊接的电路板是否存在短路、漏焊、虚焊情况,若有,应及时更正。

(2)接通所需的电源电压,区别磁敏传感器,555 定时器和其他集成块的各个电源值。

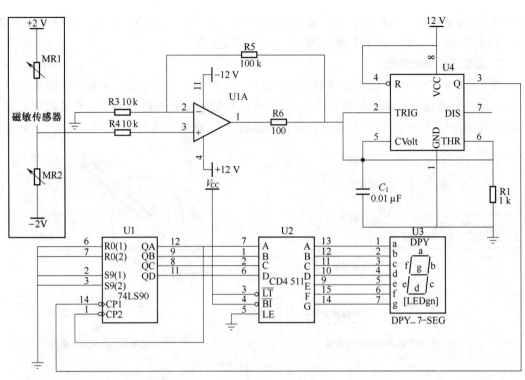

图 6-22 基于磁阻元件的计数器电路原理图

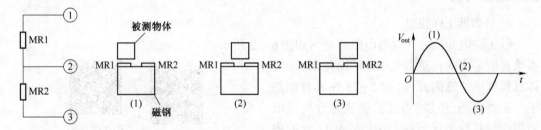

图 6-23 磁阻元件工作流程图

表 6-3 霍尔测速仪的元器件清单

序号	元件名称	元件标识	元件型号与参数	元件数量
1	磁敏传感器	MR1,MR2	SMRG-1A	3
2	计数器	U1	74LS90	1
3	555 定时器	U4	555	1
5	电容	C1	0.01 μF	1
6	电阻	R1	1 kΩ	1
7	电阻	R3,R4	10 kΩ	1
8	电阻	R6	100	1
9	电阻	R5	100 kΩ	1
10	译码驱动	U2	CD4511	1
11	共阴数码管	U3	DPY_7-SEG	1

（3）把磁敏传感器安装在任务一的实训台上，当转动源转动（转动速度稍慢）时，每次磁钢经过磁敏传感器一次，计数器加1。

任务评价

本项目的考核原则仍然通过"过程考核和综合考核相结合，理论和实际考核相结合，教师评价和学生自评、互评相结合"的原则，实行过程监控的考核体系。表6-4有本任务中需要考核的内容及要求、所占的分值等，在具体评价时各位老师可根据需要确定评价考核的方式。

表6-4　计数器评价表

考核项目	考核内容及要求	分值	学生自评	小组评分	教师评分
学习内容掌握情况	1）能正确识别磁敏传感器、共阴数码管、电阻，电容等电子元器件； 2）能分析、选择、正确使用上述元器件； 3）能分析计数器的工作原理	25			
电路制作	1）能详细列出元件、工具、耗材及使用仪器仪表清单； 2）能制定详细的实施流程与安装调试步骤； 3）电路板设计制作合理，元器件布局合理，焊接规范； 4）能正确使用仪器仪表	25			
电路调试	1）能对计数器进行校准； 2）能正确判断电路故障原因并及时排除故障	15			
项目报告书完成情况	1）语言表达准确、逻辑性强； 2）格式标准，内容充实、完整； 3）有详细的项目分析、制作调试过程及数据记录	15			
职业素养	1）学习、工作积极主动，遵时守纪； 2）团结协作精神好； 3）踏实勤奋、严谨求实	10			
安全文明操作	1）严格遵守操作规程； 2）安全操作，无事故	10			
总　分					

项目总结

本项目完成了霍尔测速仪和计数器的制作和调试。霍尔测速仪利用霍尔元件测试转动盘转动的速度。霍尔信号产生的脉冲与转动速度和磁钢个数有关。后级电路通过555定时1 s测出霍尔信号的脉冲个数；测量出的数据除以磁钢个数即为转动速度。霍尔测速仪的调试中，需要在测试霍尔信号前先使用信号发生器进行校准。计数器利用磁敏传感器的工作原理，结合整形、计数显示电路构成计数器，可对经过的磁钢进行计数。

习题与拓展训练

1. 什么是霍尔效应？

2. 某霍尔元件 $l×b×d$ 为 1.0 cm×0.35 cm×0.1 cm 沿 l 方向通以电流 $I=1.0$ mA,在垂直 lb 面方向加有均匀磁场 $B=0.3$ T,传感器的灵敏度系数为 22 V/A·T,试求其输出霍尔电势及载流子浓度。($q=1.602×10^{-19}$ C)

3. 磁电式传感器与电感式传感器有何不同?

4. 霍尔元件在一定电流的控制下,其霍尔电势与哪些因素有关?

附录 A

任务报告书（模板）

一、任务目的

二、任务内容

三、任务实施总体方案

四、系统测试

五、系统功能、指标参数（包括系统实现的功能，参数的测试，参数记录表，系统功能分析等）

六、总结

附录

图形符号对照表见表 B. 1

表 B. 1 图形符号对照表

序号	名称	国家标准的画法	软件中的画法
1	开关		
2	单向击穿二极管		
3	三极管		
4	极性电容器		
5	电阻		
6	非门		
7	与非门		
8	可调电阻器		
9	发光二极管		
10	二极管		
11	接地		
12	电源		

参 考 文 献

[1] 贾海瀛.传感器技术与应用［M］.北京:高等教育出版社,2015.

[2] 刘映群,曾海峰. 传感器技术及应用［M］.北京:中国铁道出版社,2016.

[3] 宋雪臣,单振清,郭永欣.传感器与检测技术[M].北京:人民邮电出版社,2011.

[4] 徐科军.传感器与检测技术[M].4 版.北京:电子工业出版社,2016.

[5] 牛百齐,董铭.传感器与检测技术[M].北京:机械工业出版社,2017.

[6] 王晓鹏.传感器与检测技术[M].北京:北京理工大学出版社,2016.

[7] 张玉莲.传感器与自动检测技术[M].北京:机械工业出版社,2012.

[8] 童敏明,唐守峰.传感器原理与检测技术[M].北京:机械工业出版社,2014.

[9] 梁森,黄杭美,王明霄,等.传感器原理与检测技术项目教程[M].北京:机械工业出版
社,2015.

[10] 孙余凯,吴鸣山.传感技术基础与技能实训[M].修订版.北京:电子工业出版社,2012.

[11] 郭珊.汽车传感器与检测技术[M].北京:北京大学出版社,2010.

[12] 金发庆.传感器技术与应用[M].3 版.北京:机械工业出版社,2012.

[13] 刘爱华,满宝元.传感器原理与应用技术[M].2 版.北京:人民邮电出版社,2011.

[14] 徐宏伟,周润景,陈萌.常用传感器技术及应用[M].北京:电子工业出版社,2017.

[15] 林若波,陈耿新,陈炳文,等.传感器技术与应用[M].北京:清华大学出版社,2016.

[16] 单振清,宋雪臣.传感器与检测技术应用[M].北京:北京理工大学出版社,2014.

[17] 刘娇月,杨聚庆.传感器技术及应用项目教程[M].北京:机械工业出版社,2016.

[18] 陆明,郭淳芳.传感器技术及应用[M].北京:电子工业出版社,2015.

[19] 陈圣林,王东霞.图解传感器技术及应用电路[M].2 版.北京:中国电力出版社,2016.